闫晓雷　赵国仲　黄小松◎著

高强钢受弯构件

极限承载力设计理论研究与经济适用性思考

U0384424

四川大学出版社

SICHUAN UNIVERSITY PRESS

项目策划：王　锋
责任编辑：王　锋
责任校对：许　奕
封面设计：墨创文化
责任印制：王　炜

图书在版编目（CIP）数据

高强钢受弯构件极限承载力设计理论研究与经济适用
性思考 / 闫晓雷，赵国仲，黄小松著．— 成都 ：四川
大学出版社，2021.11
　　ISBN 978-7-5690-5192-6

　　Ⅰ．①高… Ⅱ．①闫… ②赵… ③黄… Ⅲ．①高强度
钢－建筑结构－受弯构件－承载力－设计－研究②高强度
钢－建筑结构－受弯构件－建筑经济分析－研究 Ⅳ．
① TU392.1

中国版本图书馆 CIP 数据核字（2021）第 234267 号

书　名	高强钢受弯构件极限承载力设计理论研究与经济适用性思考
著　者	闫晓雷　赵国仲　黄小松
出　版	四川大学出版社
地　址	成都市一环路南一段 24 号（610065）
发　行	四川大学出版社
书　号	ISBN 978-7-5690-5192-6
印前制作	四川胜翔数码印务设计有限公司
印　刷	郫县犀浦印刷厂
成品尺寸	148mm×210mm
印　张	7.5
字　数	200 千字
版　次	2021 年 11 月第 1 版
印　次	2021 年 11 月第 1 次印刷
定　价	35.00 元

四川大学出版社
微信公众号

前　言

　　材料科学的进步与冶金工艺的发展，使其为机械、船舶、桥梁、建筑工程制造越来越高强度的钢材已经成为现实。低合金高强钢材相对普通钢材而言不仅可以减轻结构自重节约材料，使得同样承载力下构件更轻薄以获得更大的建筑空间，而且还能减少运输、焊接等的工作量，缩短工期，节约造价。高强度钢材的推广使用能减少对钢材、能源的消耗，减少污染，对建设节约能源型经济与产业升级具有重大意义。

　　我国现行《钢结构设计标准》（GB 50017—2017）所涵盖的承重结构钢材最高牌号已升至 Q460 等级，但是其中对于屈服强度大于或等于 460MPa 的高强度钢材基本构件的设计还是延续了普通钢材的设计方法与理论。因此，高屈服强度的构件设计是否适用现有规范、如何进行分析设计成为亟待解决的问题。这一问题主要涉及高强钢材的力学性能、高强钢焊接构件中残余应力的分布形式、高强钢基本构件的受力性能等方面。

　　为了研究 Q460 高强钢焊接箱形、H 形截面压弯构件极限承载力，本书采用 11mm 与 21mm 厚国产高强钢板制作了 7 个焊接箱形、6 个焊接 H 形压弯构件进行试验研究。其中箱形试件包括截面板件宽厚比分别为 8、12、18 的三种截面，长细比分别

1

为 35、50、80 的构件；H 形截面试件包括自由外伸翼缘宽厚比分别为 3、5、7，长细比分别为 40、55、80 的试件。

在试验研究的基础上，采用数值积分法与有限单元法建立了考虑初始几何缺陷与残余应力影响的箱形、H 形截面压弯构件数学计算模型，并且通过试验结果验证了数学计算模型的正确性。采用数学计算模型对箱形、H 形压弯构件进行参数分析，分析参数包括弯曲方向、有无残余应力、截面板件宽厚比及构件长细比；分析总结两种构件参数结果，得出了参数变化对构件极限承载力的影响规律；通过参数分析结果与我国现行钢结构规范进行比较，得出采用现行钢结构规范设计计算 Q460 高强钢焊接箱形、H 形压弯构件极限承载力偏于保守的结论；基于现行钢结构规范理论基础，提出适合 Q460 高强钢压弯构件的建议设计公式。

本书同时进行了 4 根 Q460 高强钢焊接工字形截面纯弯构件临界弯矩试验研究，主要考察 Q460 高强钢纯弯构件弹性与弹塑性整体稳定临界弯矩，并且通过试验结果与我国现行钢结构设计规范进行比较。为了进一步开展参数分析研究，采用数值积分法与有限单元法建立了考虑初始几何缺陷与残余应力影响的工字形截面受弯构件数值计算模型，并且通过试验结果验证了数值计算模型的正确性。利用数值计算模型对工字形纯弯构件进行参数分析；总结纯弯构件参数分析结果，得出了参数变化对构件极限承载力的影响规律；通过参数分析结果与我国现行钢结构规范进行比较，得出采用现行《钢结构设计标准》（GB 50017—2017）设计计算 Q460 高强钢焊接工字形纯弯构件整体稳定临界弯矩与试验结果符合较好，并且能够满足工程精度和可靠安全的要求，建议采用现行《钢结构设计标准》（GB 50017—2017）公式进行

Q460 高强钢焊接工字形纯弯构件设计。

最后，本书以焊接 H 形压弯构件为例，将 Q460 高强钢焊接 H 形压弯构件试验和数值分析结果与欧洲钢结构设计规范（BS EN 1993-1-1：2005）及美国钢结构规范（ANSI/AISC 360-16）进行了比较，得到定量比较结果。并且进一步开拓研究方向，对高强钢受弯构件的经济适用性进行分析，提出后续研究计划。

目　录

1

9 高强钢受弯构件研究结论与经济适用性思考

1 概　述

1.1　研究背景

    20 世纪 90 年代以前，Q235 钢（相当于欧洲标准 S235，美国标准 ASTM A 36）被广泛应用于建筑结构中，而在当时 Q345 钢（相当于欧洲标准 S355，美国标准 ASTM A 572）被认为是高强度钢材，其应用相对于 Q235 钢较少[1.1][1.2]。20 世纪 90 年代至今，屈服强度为 345～355MPa 的钢材逐渐替代了屈服强度为 235MPa 的钢材，成为主要结构用钢。根据中国钢结构协会对我国钢结构制造企业 2009 年度调查结果，2009 年我国消耗钢材强度级别及所占比例如图 1.1 所示：Q235 钢为 370.8 万吨，占 35%；Q345 钢为 575.4 万吨，占 53%；Q390 钢为 71.3 万吨，占 7%；Q420 钢为 30.4 万吨，占 3%；Q460 钢为 20.4 万吨，占 2%[1.3]。此后数年，我国钢结构建筑用钢量不断增长，年均增速超过 10%，至 2017 年已达到 6480 万吨，成为全球钢结构用量最大、产业规模最全、企业数量最多的钢结构大国[1.3]。

    建筑钢结构的发展与材料性能的改善、制造方法的进步有着相辅相成的关系。材料科学与冶金工艺的发展，为机械、船舶、桥梁、建筑工程提供了高强度、高性能钢材[1.1]。同时，实际工程的应用需求推动了钢结构的发展，尤其是 21 世纪后，大跨和超高层钢结构工程越来越多，对钢材的力学性能提出了更高的要

1

求，特别是要求结构材料应具有更高的抗拉屈服强度。因此，建筑钢结构中使用高强度钢材、高性能钢材成为建筑用钢一个主要的发展趋势。

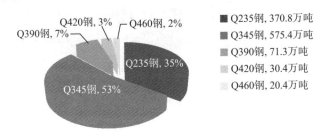

图 1.1　2009 年我国消费钢材强度级别及所占比例

近年来，各国普遍将屈服强度大于或等于 420MPa 的钢材称为高强钢，屈服强度高于 690MPa 的钢材称为超高强钢。这些等级的钢材得到应用的主要原因有以下几个方面[1,4]。

（1）经济优化性能：通过提高钢材的强度可以减小构件截面尺寸，既减少了结构自重又降低了加工和安装成本，符合可持续发展战略的基本国策。

（2）建筑功能需求：高强度结构钢材能够满足当前钢结构工程向更大跨度、更大高度发展的要求，并且创造更大的建筑结构空间。

（3）资源环境保护：建筑用钢量的降低意味着减少了对世界稀缺资源的消耗，符合减排环保的基本国策。

（4）耐久安全性能：现代高强钢不仅具有强度高的特性，一些特殊等级的高性能钢材还表现出良好的韧性，能够保证在施工过程中和结构使用过程中的安全性，适用于低温的现代海港结构用钢就是一个很好的例子。

低合金高强钢通过改进生产工艺，在保证低碳当量的基础上，适当增加了微合金元素的含量，使其具有良好的焊接性与抗拉延伸性,并且材料强度较普通钢材提高。随着由舞阳钢铁厂研制生产的 Q460 高强度结构钢材首次在我国国家体育场"鸟巢"应用,对新型高强钢材料强烈的需求与制约高强钢应用现状的矛盾越加凸显。我国现有钢结构设计规范(GB 50017—2017)所涵盖的承重结构钢材最高牌号为 Q460,但是其关于高强钢的设计还是延续普通钢材的设计方法。Q460 及更高屈服强度的构件设计是否适用现有规范,如何进行分析设计成为亟待解决的问题。本书的研究重点即为 Q460 高强钢焊接截面压弯、纯弯构件等端弯矩荷载情况下整体稳定承载力设计计算方法。

1.2 高强钢结构工程应用现状

近年来,为了满足建筑物与构筑物高度和跨度不断增加的设计需求,高强度钢结构在美国、日本、欧洲、澳大利亚和中国等已有一些工程应用的实例,其涉及建筑结构、桥梁工程与输电铁塔结构等领域。

1.2.1 建筑结构

1.2.1.1 索尼中心

2000 年,索尼公司在波茨坦广场建成了其在欧洲的总部——索尼中心(Sony Center)。索尼中心是以钢材和玻璃为主要材料建设的一个建筑群,其设计理念相当前卫。7 栋风格各异的大型玻璃建筑围成一个小广场,一个巨大的圆形穹顶在空中将它们连成一个整体,远望去仿佛一个飞碟落在建筑上一样,尤其在夜幕降临彩灯变换时,使这里多了一份神秘感。现在索尼中心已经成为柏林的标志性建筑,如图 1.2 所示。为了保护已有的一个砌体结构建筑物,工程将大楼的一部分楼层悬挂在屋顶桁架上,如图 1.3 所示。屋顶桁架跨度 60m,高 12m,其杆件用

600mm×100mm 矩形实心截面，采用了 S460 和 S690 钢材（强度标准值 460MPa 和 690MPa），以尽可能减小构件截面。在该工程中，还对 S460 钢材在低温下的脆性断裂性能进行了试验和计算分析，研究结果保证了该结构在低温下的安全性[1.1]。

图 1.2　索尼中心帝王大厅

图 1.3　索尼中心圆形穹顶

1.2.1.2　星城饭店

　　澳大利亚悉尼的星城饭店（Star City）（如图 1.4 所示）坐落在悉尼中心区的西部，位于繁华的达令港（Darling Harbour）内，建筑物包括一个娱乐场、一个酒店和两个大型剧院。整个建筑物共 13 层，包括屋顶和地下 5 层。该工程在建筑物的两个区域采用了 650MPa 和 690MPa 钢材。第一个区域是地下室的柱子，由于地方议会要求这个建筑物至少提供 2500 个停车位，这就使得地下车库的柱子截面尺寸最大为 500mm，唯一的解决办法是采用超高强度钢材－混凝土组合柱。如前所述，超高强度钢材能够大大减小柱截面的尺寸，尤其是对于一个高层建筑中承受荷载较大的底部几层。第二个区域是 Lyric 剧院屋顶的两个桁架。每个桁架都是跨度 30m，高度 3.5m[1.5]。

图 1.4　星城饭店

1.2.1.3　"鸟巢"

　　北京国家体育场（"鸟巢"）是 2008 奥运会主会场，其地面以上的平面呈椭圆形，长轴最大尺寸 323.3m，短轴最大尺寸

296.4m；建筑屋盖顶面为双向圆弧构成的鞍形曲面，最高点高度为 68.5m，最低点高度为 42.8m；屋盖中部的洞口长度为 190m，宽度为 124m；其放射状混凝土框架结构与环绕它们并形成主屋盖的空间钢结构完全分离。空间钢结构由 24 榀门式桁架围绕着体育场内部碗状看台区旋转而成，与顶面和立面交织形成体育场整体的"鸟巢"造型，可容纳观众 9.1 万人，用钢 4.19 万吨。国家体育场钢结构工程中采用的 Q460E－Z35 厚板为舞阳钢厂生产的产品，厚度可以达到 110mm，在国内建筑钢结构工程应用尚属首例[1.9]。

除此之外，日本横滨的 Landmark Tower 大厦[1.5]采用了 600MPa 高强钢 H 形截面柱。美国休斯敦的雷利昂体育馆[1.6]的可开启屋顶，纵向巨型桁架结构采用了名义屈服强度为 450MPa 的 A913 Grade 65 高强钢材，如图 1.5 所示。

图 1.5　雷利昂体育馆

1.2.2　桥梁工程

1.2.2.1　德国 Dusseldorf-Ilverich 莱茵河大桥[1.7]

德国杜塞尔多夫的 Dusseldorf-Ilverich 莱茵河大桥如图 1.6 所示。由于靠近杜塞尔多夫机场，其桥塔高度受到限制。为了减小斜拉桥的承压塔高度，设计时采用两个 V 形承压塔，桥塔顶部中间的焊接箱形截面连系钢梁采用 S460 钢材，有效地减小了截面尺寸，并取得很好的经济效益。

图 1.6　德国 Dusseldorf-Ilverich 莱茵河大桥

1.2.2.2　法国 Millau 大桥[1.7]

法国著名的 Millau 大桥是一个多跨斜拉桥，建造高度达到 343m，如图 1.7 所示。桥梁截面中的中心箱形截面主梁以及一些连接构件采用了 80mm 厚 S460 钢板，桥塔则采用了 120mm 厚的 S460 钢板，取得了良好效果。

图 1.7　法国 Millau 大桥

除此之外，在移动桥梁装备中高强钢的应用也十分广泛，如瑞典的 48m 军用快艇桥采用了 S1100（屈服强度 1100MPa）超高强钢，大幅度降低了桥身自重，便于战时快速运输与安装[1.8]。

1.2.3　输电铁塔

我国 2007 年发布实施的冶金行业标准《铁塔用热扎角钢》（YB/T 4163—2007)[1.13]将 Q460 角钢纳入其中，为设计使用提供了依据。同年，Q460 角钢在平顶山—洛阳 500kV 线路的铁塔中得以应用，取得了良好的综合效益。2008 年，李正良等[1.14]与曹现雷[1.15]通过计算对比得出 Q460 高强钢在高压输电塔中的应用较 Q345 钢节省材料 5％～10％，整体造价节约 1％～8％。

除此之外，海上平台结构、压力容器、油气输送管道与汽车制造等领域都是高强钢的潜在市场。2003 年，Corbett 与 Bowen 等[1.12]分析了高强钢在燃气输送管道中应用的经济效益，并以 X120 钢管（屈服强度 825MPa）为例描述了应用效果，认为可节约总工程造价的 5％～15％。2008 年，Lucken 与 Kern 等[1.11]讨论了高性能钢在船舶制造与海上平台结构中应用的优势与前景。

1.3　高强钢钢结构研究现状

虽然高强钢有诸多优点，但是其应用仍受到多方面因素的制约。从已有的高强钢钢材材料性能试验数据可以发现，随着钢材屈服强度的增大，钢材的屈服比增大，钢材的断后伸长率减小，即延性变差；高强钢的应力-应变曲线中的屈服平台长度缩短甚至消失，高强钢的应变强化效应没有传统钢材那么明显[1.17]，如图 1.8 所示。

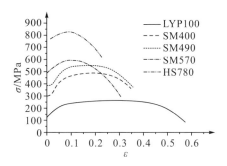

图 1.8　不同钢牌号钢材的力学性能对比

　　由于高强钢的材料性能与普通钢有明显差异，而现有设计准则是基于普通钢的材性假定，因此需要考察现有设计准则用于高强钢的适用性，并给出相应的设计方法。

　　针对高强钢应用问题的研究，主要划分为三个阶段：

　　（1）弹性设计阶段。高强钢受压构件、压弯构件和受弯构件的极限承载力常由构件的局部屈曲、整体屈曲或两者的相关公式控制，现有针对普通钢构件的理论分析方法仍然适用于高强钢构件。然而构件的极限承载力受残余应力、初始几何缺陷、材料力学性能等参数的影响。高强钢的应力－应变曲线与普通钢有显著差异，钢构件中的残余应力与屈服强度的比值也随材料强度变化而变化，高强钢构件对初始几何缺陷的敏感程度较普通钢低，这些因素将造成现有设计规范中的某些条文对高强钢不一定适用，需重新检验[1.16]。

　　（2）塑性设计阶段。现有设计规范假定构件具有足够的延性性能与变形能力，认为构件在相对较大变形下仍不发生破坏，使得内力能够在非静定结构中重新分布。高强钢的屈强比与断后伸长率等指标较普通强度的钢材差，构件截面宽厚比限值随钢材的强度变化，这些均将影响高强钢受弯构件的变形能力，是塑性设计阶段的考察重点。

（3）抗震设计阶段。通常预期结构将在大震下经历较大的变形，抗震结构与构件必须具有足够的延性以保持在较大的变形下继续承载。另外，抗震结构还需要合理的结构布置，以保证在大震下形成有效的耗能机制。

1.4　研究问题及意义

本书主要对 Q460 高强钢常用焊接截面压弯、受弯构件基本受力性能、设计计算方法进行研究，需要解决以下问题：

（1）确定 Q460 高强钢的材料性能，以及其与普通钢的区别。

（2）探讨初始缺陷对高强钢压弯、受弯构件承载力的影响。这包括构件的初始几何缺陷与残余应力的测量，以及其对构件承载力的影响。

（3）对一定数量的足尺 Q460 高强钢压弯、受弯试件进行极限承载力试验，以得到可靠的有验证价值的试验结果。

（4）建立压弯、纯弯构件数值计算方法，进行更多构件极限承载力参数分析计算。

（5）通过分析初始缺陷，针对普通钢、高强钢构件承载力影响的区别，综合目前设计计算方法，提出适合 Q460 高强钢压弯、受弯构件承载力设计建议。

1.5　目标及创新点

近年来，众多研究学者对高强钢的基本构件、连接以及结构形式进行了研究（见第 2 章），但尚有部分领域需做进一步的探索。本书的创新点及主要研究内容包括：

（1）进行了 Q460 高强钢焊接截面压弯、纯弯构件极限承载力试验研究。试验内容包括：3 种长细比的焊接箱形、H 形截面，共 13 根压弯构件整体稳定极限承载力试验；2 种长细比的焊接工字形 4 根纯弯构件整体稳定极限承载力试验；对制作的试验构件钢板进行了材料性能测试及检验，确保所用钢材均达到《低合金高强度结构钢》（GB/T 1591—2018）对 Q460 结构用钢的要求。通过试验研究为理论分析提供验证数据。

（2）利用数值积分法与有限元法建立考虑初始几何缺陷与残余应力的 Q460 高强钢压弯、纯弯构件整体稳定极限承载力计算模型，并且与试验结果进行对比，验证了计算模型的正确性。

（3）对 8736 根压弯构件、200 根纯弯构件进行参数分析，分析了不同参数对构件整体稳定极限承载力的影响。

（4）将分析结果与现行《钢结构设计标准》（GB 50017—2017）进行比较分析，提出了 Q460 高强钢焊接箱形、H 形压弯构件与双轴对称焊接工字形纯弯构件整体稳定承载力的设计建议。

1.6　章节安排

本书共 9 章，主要章节内容安排如下：

第 1 章，主要介绍了本书的课题背景、高强钢实际工程的应用情况、目前高强钢研究所面临的问题、课题研究的意义，最后介绍本书研究的目标、创新点以及章节安排。

第 2 章，主要针对高强压弯构件及受弯件研究现状进行总结，并且通过汇总已有研究成果进行分析，初步得到定性结论。

第 3、5、7 章，分别是 Q460 高强钢焊接箱形、H 形截面压弯构件以及工字形梁纯弯构件的试验研究，介绍了作者在同济大学建筑结构试验室进行的三组 Q460 高强钢压弯与纯弯构件试验研究。该试验研究包括 Q460 高强钢焊接箱形、H 形截面残余应力分布，钢材材料力学性能试验，初始缺陷测量以及压弯构件与纯弯极限承载力的试验研究。

第 4、6、8 章，分别是 Q460 高强钢焊接箱形、H 形截面压弯构件与工字形纯弯构件的参数分析与设计建议。根据 Q460 高强钢特性采用数值积分法与有限单元法分别建立三种构件的计算模型，通过试验研究结果验证上述数学模型的正确性。采用两种数学模型对影响焊接箱形压弯构件的极限承载力的因素进行参数分析。经过分析，在现有钢结构规范的理论基础上提出适应高强钢压弯与纯弯构件的设计公式。

第 9 章，对本书的主要研究结果进行了总结，对需要进一步研究的领域给出了建议。

参考文献

[1.1] International Association for Bridge and Structural Engineering. Use and application of high-performance steel for steel structures [M]. Zurich，IABSE，2005.

[1.2] Veljkovic M，Johansson B. Design of hybrid steel girders [J]. Journal of Constructional Steel Research，2004，60 (3/4/5)：535−547.

[1.3] 中国钢结构协会. 中国金属结构行业市场分析及企业"十二五"规划发展指导报告 [R]. 睿博数据研究中心，2010.

[1.4] 国际桥梁与结构工程协会. 高性能钢板在钢结构中的应用 [M]. 北京：中国建筑工业出版社，2010.

[1.5] Pocock G. High strength steel use in Australia，Japan and the US [J]. The Structural Engineer，2006，84 (21)：27−30.

[1.6] Griffis G L，Axmann G，Patel B V，et al. High-strength

steel in the long-span retractable roof of Reliant Stadium [C]//2003 NASCC Proceedings. Baltimore, MD: NASCC, 2003: 1-9.

[1.7] 施刚, 石永久, 王元清. 超高强度钢材钢结构的工程应用 [J]. 建筑钢结构进展, 2008, 10 (4): 32-38.

[1.8] 苟明康, 陶莉. $\sigma_s \geqslant 700MPa$ 的高强钢在移动桥梁装备中的应用 [J]. 钢结构, 2002, 17 (5): 6-9.

[1.9] 戴为志. 从"鸟巢"钢结构焊接工程看钢结构焊接技术发展趋势 [J]. 现代焊接, 2006, 57 (9).

[1.10] 曹晓春, 甘国军, 李翠光. Q460E 钢在国家重点工程中的应用 [J]. 焊接技术, 2007 (S1): 12-15.

[1.11] Lucken H, Hern A, Schriver U. High-performance steel grades for special applications in ships and offshore constructions [C]//Proceeding of the 18th 2008 International Offshore and Polar Engineering Confernece, ISOPE 2008, July 6, 2008-July 11, 2008, Vancouver, BC, Canada: International Society of Offshore and Polar Engineers, 2008: 211-216.

[1.12] Corbett K T, Bowen R P, Petersen C W. High Strength Steel Pipeline Economics [C]//Honolulu, HI, United States: International Society of Offshore and Polar Engineers, 2003: 2355-2363.

[1.13] 中华人民共和国国家发展与计划委员会. 铁塔用热轧角钢, YB/T 4163-2007 [S]. 北京: 中国计划出版社, 2007.

[1.14] 李正良, 刘红军, 张东英. Q460 高强钢在 1000kV 杆塔的应用 [J]. 电网技术, 2008, 32 (24): 1-5.

[1.15] 曹现雷, 郝际平, 张天光, 等. 单边连接高强角钢受压

13

力学性能的试验研究［J］. 工业建筑，2009，39（11）：108－112.

［1.16］李国强，王彦博，陈素文，等. 高强度结构钢研究现状及其在抗震设防区应用问题［J］. 建筑结构学报，2013，34（1）：1－13.

［1.17］Ban H Y，SHI G. Research progress on the mechanical property of high strength structural steel［C］//Proceedings of the 1st International Conference on Civil Engineering，Architecture and Building Materials，CEABM 2011，June 18，2011－June 20，2011，Haikou，China：Trans Tech Publications，2011：640－648.

2　文献综述

本书主要对 Q460 高强钢压弯、受弯构件的整体稳定极限承载力的试验方法、数值模拟以及设计计算方法进行研究。本章主要介绍与此相关的已有研究成果，包括高强钢材材料力学性能研究，受压构件及受弯构件普通钢、高强钢试验研究方法，受压构件及受弯构件普通钢、高强钢理论研究方法。

2.1　高强钢材材料力学性能研究

2.1.1　高强钢材的分类

从结构用钢材料性能的特点来看，提高钢材屈服强度的途径主要有三种[2.1]。

（1）加入合金成分：通过加入以 Nb、V 和 Ti 元素为代表的微合金元素代替传统的碳元素强化方式，在提高钢材屈服强度的同时改善其塑性和韧性，降低碳元素的含量。

（2）热处理：通过热处理方式影响钢材的微观结构和晶粒大小。这种处理方法的主要优点在于细晶粒结构相对于粗糙晶粒结构，材料的强度更高、韧性更好。

（3）冷加工：在结晶温度以下（通常为常温）加工，冷作硬化将显著提高钢材的强度和硬度。

根据不同的途径，高强钢可划分为早期高强钢、新型高性能钢和冷轧高强钢。三种高强钢的力学性能存在显著差异，因此在进行高强钢的应用研究时，要对钢材的种类加以区分。例如，将材料性能的统计研究作为决定材料性能分项系数的基础，应对热轧高强钢和冷轧高强钢加以区分。

2.1.2 材料力学性能

材料力学性能是高强钢结构应用研究的基础，结构钢材的力学性能指标主要包括屈服强度、抗拉强度、屈强比、断后伸长率和截面收缩率等。分析高强钢与普通强度钢材料性能的区别，对重新审视现有钢结构设计规范与分析理论的适用性具有决定作用。

高强度结构用钢的研究始于 20 世纪 60 年代晚期，主要基于对当时通过淬火与回火（Quenched and Tempered）热处理技术生产的高强度结构用钢进行材料属性与基本构件受力性能的研究。Mcdermott[2.2][2.3] 与 Dibley[2.4] 分别在研究 A514 和 Grade 55 高强钢受弯构件时获得了钢材材性试验基本数据，并建立单向拉伸高强钢材本构关系。此后，日本学者 Usami 和 Fukumoto[2.5][2.6] 在对日本生产的 HT80 高强钢板焊接构件整体与局部稳定性的研究中进一步积累了高强钢钢材数据。Rasmussen 等[2.7]–[2.9] 开展了对澳大利亚生产的 BISALLOY80 高强钢性能及结构构件的系统性研究，得到 5~6mm 薄板的材料力学性能参数及关系。在此期间的高强钢由于生产工艺原因，可焊性差，断裂韧性与冷弯性能不足，实际没有得到广泛的工程应用[2.10]。

20 世纪 90 年代中后期以来，在对高强度、高性能材料需求挺升的工程背景下，高强钢生产工艺从单纯热处理方法改善为结合添加微量合金元素方法，既提高了钢材屈服与极限强度，也改善了高强钢的材料性能，例如日本的 BHS500、BHS700 钢，美国的 A992、A709 钢。Fukumoto[2.11] 与 Ricles[2.12] 对新工艺下生产的高性能钢材在抗拉应力－应变屈服关系、屈服与极限强度、屈强比及可焊接性等钢材材料力学性能方面进行了系统的研究，提出新型高性能结构用钢对结构稳定性的影响分析。Rebelo[2.13][2.14]等研究者对英国生产的 S235～S690 钢材的实测屈服强度进行了统计分析，并对目前 EuroCode 3 中工字钢侧向扭转稳定承载力的抗力分项系数予以验证。

由上述国外学者的研究可知，高强钢与普通强度钢在材料力学性能上存在显著差异，对钢结构构件整体稳定性能的影响主要体现在钢材屈服、极限强度、屈强比增大；钢材屈服后塑性延展性能减弱，断后伸长率减小；高强钢的应变强化效应减弱，甚至出现钢材的软化现象。

进入 21 世纪后，我国学者开展了一系列针对高强度钢材及钢构件的系统性研究。清华大学施刚教授的研究团队[2.15]对国产 Q460、Q550、Q690 及 Q960 高强钢进行了系统钢材性能研究，获得了弹性模量、屈服强度、极限强度、屈强比、断后伸长率等材料力学参数，并进行了材料不定性研究。研究表明，随着钢材屈服强度的提高，其极限强度对应的应变 ε_u 减小，钢材屈强比提高；除 Q460 与 Q500 外，Q550 等级以上高强钢材基本不存在屈服平台。同济大学李国强教授的研究团队[2.16]对国产 Q460 级以上高强钢材料与基本构件进行了系统研究，并且获得了较完整的研究成果，其在高强钢材料性能方面的研究有所突破，文献[2.17]中在对 16mm 厚 Q690D 厚板的材性试验中发现其具有明显的平台。文献[2.18] [2.19]通过 6 种材性试件的试验确定三轴应力与 Lode 角对 Q550、Q690 与 Q890 高强钢的影响。结果表明，合理的高强钢屈服函数应考虑洛德角的影响，而应力三轴度的影响可以忽略不计。基于试验结果和数值计算结果，提出了高强钢的屈服函数，从本质上模拟了高强钢在复杂应力状态下的弹塑性行为。进一步研究发现，在复杂应力状态下，断裂伸长率并不能描述高强钢的断裂延性。基于参数的研究结果显示，随着塑性洛德角相关性的增大，高强钢断裂延性的洛德角相关性趋于减小。刘兵[2.20]指出，Q460 高强钢具有良好的高温下材料性能。王元清和林云等[2.21]研究了 Q460 高强钢在低温下的力学性能，指出小于 40℃时 Q460 倾向于脆性破坏。

通过上述试验成果与研究分析，可以得出：随着高强钢屈服强度的提高，其屈服平台不断缩短并逐渐消失，钢材的屈强比增大，钢材的极限应变和伸长率均减小，钢材的延性变差；当钢材屈服强度大于或等于 690MPa 时，上述大部分材料性能试验结果已不满足规范[2.22][2.23]屈强比的要求。目前对高强钢材性随强度变化的规律已有相对完善的研究，并且建立了其区别于普通钢的材料力学模型，为进一步研究高强钢的受力性能提供了基础。

2.2 受压构件

2.2.1 高强钢受压构件试验研究

受压构件的极限承载力与设计方法一直被认为是钢结构设计原理的重点。受压构件的破坏形式主要有截面强度破坏、整体以及局部失稳造成的破坏三种形式[2.24]。影响受压构件承载力的因素有构件的初始几何缺陷与物理缺陷。初始几何缺陷主要是指杆件并非直线，或多或少有一点初始弯曲，也可能有一点初始扭曲。此外，截面并非完全对称，组成截面的制造偏差和构件安装偏差都可能使荷载作用线偏离杆件轴线，从而形成初始偏心。力学缺陷包括钢材屈服点在整个截面上并非均匀以及存在残余应力[2.25]。因此，对于高强钢受压构件的研究主要围绕构件受压截面塑性破坏、受压构件整体与局部稳定性能、不同截面残余应力分布等方面展开。

　　日本对高强钢的研究开始较早，20 世纪 60 年代日本学者
Nishino F. 等就对钢牌号为 A514、名义屈服强度为 690MPa 的
高强钢焊接箱形截面短柱进行了试验研究[2.26]。他们主要考察了
焊接箱形短柱板单元局部屈曲强度，并且考虑残余应力对板件强
度的影响，得出残余应力对箱形焊接截面屈曲强度随着钢材强度
的增高而减弱。此后 Usami T.[2.27][2.28] 又对钢牌号为 HT80、名
义屈服强度为 690MPa 的高强度长柱及短柱的整体稳定性与局部
稳定性问题进行了大量的试验研究，其包括焊接箱形截面的残余
应力分布的测试、钢材材料力学性能的测试、24 根轴心受压和 3
根偏心受压构件的承载力测试。基于试验研究成果，定义了箱形
截面短柱的两种等效屈曲系数 k_{eq} 近似表达式为：

当 $R_f > \dfrac{0.75}{\alpha}$ 时，

$$k_{eq} = \left(\frac{4}{1+\alpha}\right)^2 \tag{2.1}$$

当 $C \leqslant R_f \leqslant \dfrac{0.75}{\alpha}$ 时，

$$k_{eq} = \left[\frac{2}{1+\alpha}\left(1 + \frac{\alpha}{\dfrac{0.75}{R_f}}\right)\right]^2 \tag{2.2}$$

式中：R_f 修正翼缘板的宽厚比，α 为板件长宽比。在试验研究的
基础上得到了整体稳定及相关屈曲的承载力经验计算方法。

　　悉尼大学学者 Rasmussen 和 Hancock[2.8][2.9] 对澳大利亚生
产的钢牌号为 BISALLOY80、名义屈服强度为 690MPa 的高强
钢焊接箱形截面柱、H 形截面柱和十字形截面柱的局部稳定、
整体稳定进行了试验研究与理论研究，并且考察了 AS4100、
AISC-LRFD 和 Eurocode3 等钢结构设计规范对于此种钢材受压
构件设计的适用性。研究表明，板件厚度小于 40mm 的高强钢

BISALLOY80 焊接箱形与工字形受压构件的整体稳定系数相比具有相同正则化长细比的普通强度钢材钢柱有明显提高。根据澳大利亚钢结构设计规范，AS 4100 可选取更高的柱子曲线。Gao L. 主要研究了屈服强度为 745~800 MPa 的焊接箱形高强钢短柱的局部稳定问题[2.29]。以板件宽厚比和箱形截面边长比为参数，提出了预测高强钢短柱承载能力的公式，并通过试验和数值计算验证了该公式的有效性。

以上关于高强钢的早期研究成果表明：残余应力对高强钢构件承载力的影响较普通钢小；焊接箱形截面与绕弱轴失稳的焊接 H 形截面高强钢受压构件的稳定系数高于普通钢构件；高强钢压杆局部稳定的截面宽厚比限值可采用与普通钢相同的规定；高强钢屈服后的应变强化性能弱于普通钢，造成高强钢短柱的正则化强度低于普通钢短柱。

随着我国经济建设的发展，建筑需要日益增长，21 世纪以来国内对高强钢的研究非常活跃，学者主要围绕国产高强钢做了一系列的研究。西安建筑科技大学的郝际平教授研究团队对 Q460 高强钢角钢单边连接压杆极限承载力进行了试验研究，并且对高强钢角钢压杆的设计方法进行研究[2.30]。拓燕艳等对 Q460 高强度热轧角钢受压钢柱的整体稳定性能进行了试验研究，发现其整体稳定系数有明显提高，建议设计时采用新的柱子曲线或对其长细比进行折减[2.31][2.32]。此外，文献[2.33]对国产 Q460 与 Q960 钢 21 个不同截面类型的短柱进行了轴压试验，提出其局部屈曲后极限应力的建议设计方法。

清华大学石永久、施刚教授等对高强钢受压构件进行了一系列的研究，主要包括：进行了端部约束的高强钢、超高强钢焊接 H 形柱整体稳定性能的试验研究，并且将极限承载力试验结果与现行规范进行对比研究[2.34][2.35]；针对名义屈服强度为 460MPa[2.36]、690MPa 和 960MPa[2.37][2.38]强度等级的高强钢进行了端部带约束与自由的焊接箱形、工字形截面受压构件整体稳定受力性能的试验研究，分析了试件的失稳破坏形态和屈曲承载力，并与规范柱子曲线进行了对比分析[2.39][2.40]，结果表明，该类构件的整体稳定系数明显高于其所在的 b 类柱子曲线，甚至高于欧洲规范的 a_0 类柱子曲线和我国规范的 a 类柱子曲线；测量了 15 个热轧等边角钢的残余应力分布，并且由测量结果确定其残余应力分布形式，试验结果表明，Q420 热轧等边角钢的最大残余应力数值与钢材屈服强度的比值远小于 GB 50017 中采用的数值（0.20~0.30），实测的最大值为 0.115，且这个系数与角钢肢的宽厚比有直接关系[2.41]；通过整理国外试验结果并与 GB 50017 对比发现，当钢材强度提高后，具有相同正则化长细比的受压钢柱的整体稳定系数有明显提高，GB 50017 设计方法对于高强钢的钢结构来说过于保守，不利于其优势的发挥和进一步的工程应用[2.42]；建立高强钢轴心受压有限元模型，基于国外的试验数据验证了有限元数值计算模型的准确性和可靠性，为进一步研究工作提供了计算工具[2.43][2.44]；对 60 个热轧等边角钢轴压钢柱的整体稳定性能进行了试验研究，研究结果表明，该类钢柱的整体稳定系数明显提高，造成试验结果偏大的原因除钢材强度提高后对初始缺陷敏感性降低外，也与 GB 50017 对于单轴对称截面钢柱的换算长细比计算的合理性以及试验两端球铰约束条件的有效性有关[2.45][2.46]。

同济大学李国强教授研究团队对国产 Q460 与 Q690 高强钢基本构件进行全面研究，其主要成果有：对焊接箱形、H 形截面受压构件残余应力进行了试验研究，并提出了相应的简化模型[2.47][2.48][2.54]；对焊接箱形、H 形截面轴心受压构件[2.49]-[2.51][2.55][2.56]和偏心受压构件[2.52][2.53][2.57][2.58]进行了试验研究，并建立适合高强极限承载力计算的有限元模型与数值积分法模型，对上述 4 种构件进行参数分析，提出适用于 Q460 与

Q690 高强钢基本构件的实用设计方法；开展高强度结构钢焊接
H 形和箱形截面柱低周反复加载试验研究，并完善相应的理论
计算[2.59]—[2.61]。

2.2.2 高强钢受压构件试验研究结果汇总

为了更好地对目前已有的高强钢受压构件试验研究成果进行
总结，得到初步的定性结论，对上述文献已有高强钢箱形、H
形截面受压构件试验研究结果进行了汇总。

其中，图 2.1 为文献[2.8]箱形试件截面示意图，表 2.1 为
试件具体尺寸及试验结果。表 2.1 中 B、D、t 分别代表截面宽、
高及板厚；λ 为构件长细比；b/t 为构件宽厚比；δ_i/L 为构件初
始几何挠度与构件长度的比值；φ_t 为受压构件稳定系数，按
$\varphi_t = P_u/Af$ 求得，P_u、A、f 为试验极限承载力、截面毛面积
以及钢材实际屈服强度；φ_c 为按我国《钢结构设计标准》
（GB 50017—2017）c 类截面计算对应试件的稳定系数；φ_t/φ_c
为按试验结果计算得出的稳定系数与按 GB 50017—2017 计算得
到的稳定系数的比值。

图 2.1　文献［2.7］箱形受压构件截面

表 2.1 文献［2.7］中试件尺寸及试验结果

试件	B （mm）	D （mm）	t （mm）	λ	b/t	δ_i/L	φ_t	φ_t/φ_c
B1150C	88.9	88.9	5.00	30.20	15.78	4.3×10^{-4}	0.911	1.191
B1150E	87.6	87.6	4.95	30.70	15.70	18.3×10^{-4}	0.905	1.192
B1950C	88.3	88.3	4.96	51.59	15.80	2.6×10^{-4}	0.849	1.604
B1950E	89.4	89.4	4.97	51.05	15.99	16.4×10^{-4}	0.719	1.344
B3450C	90.2	90.2	4.97	89.40	16.15	1.2×10^{-4}	0.361	1.322
B3450E	89.9	89.9	4.94	89.87	16.20	8.4×10^{-4}	0.340	1.255

图 2.2 为文献［2.8］H 形试件截面示意图，表 2.2 为试件具体尺寸及试验结果。表 2.2 中 B_f、b_f、t_f、b_w、t_w、λ、δ_i/L 分别代表截面宽度、自由悬伸板长度、翼板厚度、腹板厚度、构件受弯方向长细比及构件初始几何挠度与构件长度的比值；φ_t 为受压构件稳定系数，按 $\varphi_t = P_u/Af$ 求得，P_u、A、f 为试验极限承载力、截面毛面积以及钢材实际屈服强度；φ_b 为按我国《钢结构设计标准》（GB 50017—2017）b 类截面计算对应试件的稳定系数（文献［2.8］中 H 形受压构件为焰切割边，因此应按 b 类截面进行计算）；φ_t/φ_c 为按试验结果计算得出的稳定系数与按 GB 50017—2017 计算得到的稳定系数的比值。

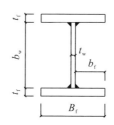

图 2.2　文献［2.8］H 形受压构件截面

表 2.2　文献［2.8］中试件尺寸及试验结果

试件	B_f (mm)	b_f (mm)	t_f (mm)	b_w (mm)	t_w (mm)	λ	δ_i/L	φ_t	φ_t/φ_b
I1000C	141.5	66.9	7.70	140.0	7.70	30.2	7.0×10^{-4}	0.952	1.114
I1000E	141.1	66.7	7.67	141.8	7.71	30.5	13.0×10^{-4}	0.991	1.163
I1650C	141.5	66.9	7.70	141.5	7.66	49.8	2.5×10^{-4}	0.800	1.199
I1650E	141.5	66.9	7.71	143.0	7.75	50.0	6.1×10^{-4}	0.762	1.146
I2950E	140.3	66.3	7.75	142.0	7.74	90.5	6.8×10^{-4}	0.337	1.107

　　文献［2.34］中介绍了 8 根箱形与 10 根 H 形焊接截面受压构件极限承载力试验研究，其使用了名义屈服强度为 460MPa、690MPa 与 960MPa 三种高强结构用钢。表 2.3、表 2.4 总结了各试件的截面尺寸和试验结果，并按 GB 50017—2017 计算了对应试件的稳定系数，与试验结果进行对比。表中符号含义如图 2.3、图 2.4 所示。

表 2.3　文献［2.34］中试件尺寸及试验结果

试件	B (mm)	D (mm)	t (mm)	λ	b/t	δ_i/L	φ_t	φ_t/φ_c
B1—460	152.0	152.0	10.92	18.70	11.92	3.44×10^{-3}	0.955	1.043
B2—460	141.1	141.1	14.83	24.29	7.51	3.30×10^{-3}	0.988	1.131
B3—460	121.5	121.5	12.67	34.64	7.59	0.57×10^{-3}	0.804	1.034
B4—460	102.4	102.4	11.04	47.47	7.28	0.93×10^{-3}	0.701	1.099
B5—460	102.2	102.2	10.81	60.68	7.45	2.96×10^{-3}	0.443	0.861
B1—960	142.6	142.6	13.99	35.58	8.19	16.82×10^{-3}	0.540	0.858
B2—960	141.6	141.6	13.94	54.94	8.16	1.23×10^{-3}	0.587	1.418
B3—960	141.5	141.5	13.92	83.66	8.17	0.20×10^{-3}	0.317	1.368

表 2.4 文献 [2.34] 中试件尺寸及试验结果

试件	B_f (mm)	H (mm)	t_f (mm)	t_w (mm)	λ	δ_i/L	φ_t	φ_t/φ_b
I1—460	132.1	111.7	10.96	11.37	56.74	0.69×10^{-3}	0.597	0.908
H1—460	210.0	209.4	14.80	15.02	21.58	0.05×10^{-3}	1.014	1.087
H2—460	179.7	141.6	15.16	12.96	28.57	1.04×10^{-3}	0.797	0.890
H3—460	151.5	150.2	11.08	11.35	42.27	1.00×10^{-3}	0.770	0.973
H4—460	151.2	151.1	11.02	11.07	50.00	1.29×10^{-3}	0.717	0.992
H5—460	131.9	111.2	10.76	11.34	62.46	0.65×10^{-3}	0.669	1.114
H6—460	150.3	149.4	11.02	11.09	36.44	1.51×10^{-3}	0.956	1.143
H1—960	209.8	211.1	13.96	13.93	37.36	12.10×10^{-3}	0.567	0.792
H2—960	210.8	209.5	13.93	13.93	56.88	1.93×10^{-3}	0.519	1.121
H3—960	211.0	209.9	13.87	13.87	86.30	1.19×10^{-3}	0.282	1.191

图 2.3 文献 [2.34] 箱形受压构件截面

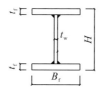

图 2.4 文献 [2.34] H 形受压构件截面

文献 [2.49] 介绍了 7 根焊接箱形截面 Q460 国产高强钢极限承载力的试验研究。文献 [2.50] 介绍了 6 根焊接 H 形截面

Q460 国产高强钢弱轴破坏极限承载力试验研究。表 2.5、表 2.6 总结了各试件的截面尺寸和试验结果，并按 GB 50017—2017 计算了对应试件的稳定系数，与试验结果进行对比。表中符号含义如图 2.5、图 2.6 所示。

图 2.5　文献［2.49］箱形受压构件截面

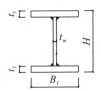

图 2.6　文献［2.50］箱形受压构件截面

表 2.5　文献［2.49］中试件尺寸及试验结果

试件	B (mm)	D (mm)	t (mm)	λ	b/t	δ_i/L	φ_t	φ_t/φ_c
B—8—70—1	110.3	110.3	11.4	81.7	7.68	0.90×10^{-3}	0.493	1.293
B—8—70—2	112.0	112.0	11.49	78.9	7.75	0.19×10^{-3}	0.631	1.587
B—8—70—3	112.0	112.0	11.41	80.3	7.82	0.30×10^{-3}	0.478	1.227
B—12—50—1	156.5	156.5	11.43	54.9	11.69	1.50×10^{-3}	0.772	1.338
B—12—50—2	156.3	156.3	11.42	55.0	11.69	1.15×10^{-3}	0.728	1.264
B—18—35—1	220.2	220.2	11.46	38.2	17.21	0.73×10^{-3}	0.780	1.059
B—18—35—2	220.8	220.8	11.46	38.1	17.27	1.04×10^{-3}	0.826	1.120

表 2.6 文献［2.50］中试件尺寸及试验结果

试件	B_f (mm)	H (mm)	t_f (mm)	t_w (mm)	L/r	δ_i/L	φ_t	φ_t/φ_b
H—3—80—1	154.5	171.3	20.99	11.52	82.5	0.63×10^{-3}	0.449	1.029
H—3—80—2	154.7	171.3	20.98	11.36	81.9	0.51×10^{-3}	0.496	1.125
H—5—55—1	227.8	245.8	21.33	11.54	56.2	0.10×10^{-3}	0.765	1.132
H—5—55—2	229.0	245.5	21.15	11.62	56.0	0.94×10^{-3}	0.708	1.045
H—7—40—1	308.8	317.3	21.03	11.47	41.5	0.90×10^{-3}	0.881	1.094
H—7—40—2	308.3	318.5	21.20	11.46	41.6	0.47×10^{-3}	0.869	1.080

上文汇总了目前已有高强钢焊接箱形、H 形截面的试验成果，然后根据我国现行《钢结构设计标准》（GB 50017—2017）设计要求计算各试件的整体稳定系数，与试验结果进行对比，详见表 2.1 至表 2.6 最后一列计算结果。从分析结果可以发现，除文献［2.34］中有少量试验结果小于设计结果，其余试验结果均大于 GB 50017—2017 的设计结果。分析文献［2.34］试验结果可以发现，造成试验结果偏小的原因主要有：部分试件初始几何缺陷过大（超过钢结果规范要求不大于 1‰），端部约束柱计算长度系数的计算值较小。因此，从上述分析可以初步得出一个定性的结论，即采用现行《钢结构设计标准》（GB 50017—2017）设计计算高强钢受压构件承载力过于保守。

2.2.3 高强钢受压构件理论研究

轴心受压构件的稳定计算起源于 18 世纪中叶，著名的欧拉临界力公式早在 1759 年就提出了，是理想弹性直杆的计算公式[2.62]：

$$\sigma_{cr} = \pi^2 E/\lambda^2 \tag{2.3}$$

关于弹塑性屈曲问题，1889 年 Engesser 提出了切线模量理论，建议用变化的模量 E_t 代替欧拉公式中的弹性模量 E，从而获得弹塑性屈曲荷载。但是构件微弯曲是凹面的压应力增大而凸面的应力减小，遵循着不同的应力－应变关系[2.63]。1891 年，Considere 在文中阐述了双模量的概念，在此基础上 1895 年 Engesser 提出了双模量理论，建议用与 E_t 和 E 有关的折线模量 E_r 计算屈曲荷载[2.43]。但是试验资料表明，实际的屈曲荷载介于两者之间而更接近于切线模量屈曲荷载。直到 1946 年，Shanley 提出构件在微弯曲状态下加载时凸面可能不卸载的概念，并用力学模型证明了切线模量屈曲荷载以及继续加载的概念[2.65]。

同时承受轴心压力和弯矩作用的构件称为压弯构件，因为兼有受弯和受压的功能，又普遍地出现在框架结构中，因此简称为梁柱。压弯构件承受荷载的形式比较多样化，弯矩的产生主要受杆端与杆间荷载作用，均属于二阶弯矩。对于压弯构件在弯矩作用平面内的整体稳定计算有两个计算准则：一个是以弹性分析为基础，以弯矩最大截面边缘纤维开始屈服作为计算准则，这一准则比较适用于冷弯薄壁型钢压弯构件；另一个是以弹塑性分析为基础的极限强度理论。本书研究的实腹式压弯构件主要采用极限强度理论[2.66]。

压弯构件面内整体稳定承载力计算问题主要是计算载荷－挠度曲线的极值问题，而不是计算特征值的问题。因此，计算极值问题需要采用数值计算方法，例如有限元方法与数值积分法。但是对于钢结构设计计算方法，必须采用在一定假设条件下建立解析表达式的简化方法。到目前为止，各国钢结构规范对压弯构件面内整体稳定承载力计算公式主要采取两种形式[2.67]：①以偏心距 e 或偏心率 $\varepsilon = eA/W$ 为变量，建立承载力与长细比 λ_x 和偏心率 ε 的表达式。我国早期《钢结构规范》（TJ 17－74）就是在此基础上建立的。②目前国际上比较通行的表达方式是建立与强度

计算类似的 M、N 之间的相关表达式。其基本公式形式如式（2.4）所示：

$$\frac{N}{N_c} + \frac{M}{M_p(1 - \frac{N}{N_E})} = 1 \qquad (2.4)$$

式中：N_c 为杆件轴心受压时的承载力，N_E 为轴心受压杆件的欧拉力，M_p 为边缘屈服准则下杆件的极限承载弯矩。在式（2.4）的基础上，引入初始缺陷（包括几何初始缺陷与残余应力等因素）的影响参数进行修正。

2.3 受弯构件

对于平面内刚度远大于平面外的弯曲和扭转刚度的工字形受弯构件，其整体失稳时的主要破坏模式是弯扭面外失稳，如图 2.7 所示，属于三维杆系问题。

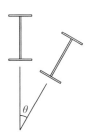

图 2.7 弯扭失稳

2.3.1 受弯构件试验加载方式

由于工字形截面受弯构件破坏模型不同于受压构件面内弯曲屈曲模式，因此在试验设计时不能直接采用普通受弯构件的中点或两点加载方法，因为这种加载方法中千斤顶会对梁的面外转动起到侧向支撑的作用，使试验达不到预想效果，如图 2.8、图 2.9 所示。

图 2.8　受弯构件两点加载正视图

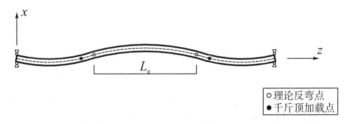

○理论反弯点
●千斤顶加载点

图 2.9　两点加载失效顶视图

按照受弯构件整体稳定破坏试验加载方式，本书总结了此类试验研究的三种加载方式，并且分析各种加载方式的优劣。

2.3.1.1　重力加载方式

早在 19 世纪，Timosheko[2.68]就采用了重力加载的方式验证了受弯梁整体稳定破坏的现象，图 2.10 所示为悬臂梁受弯整体稳定破坏试验。重力加载的方式可以达到无侧向约束作用，但是在高强钢受弯构件试验中很难达到预想效果，例如，高强钢受弯梁实际承载力很大，重力加载方式的加载重量很难达到大吨位的足尺试验要求。

图 2.10　重力加载悬臂梁试验

2.3.1.2　使用可摆动式加载装置加载

　　有侧移框架的梁柱试验加载同样存在上述问题。为了解决加载端对试件的约束作用，1965 年 Lehigh 大学学者 Yarimci 等[2.69] 发明了可摆动式加载装置并应用于试验中，其装置示意图如图 2.11 所示。澳大利亚学者 Kitipornchai（1974）[2.70] 与日本学者 Fukumoto（1980）[2.71] 均利用上述可摆动加载装置进行了钢梁的整体稳定承载力试验，试验效果比较理想。但是可摆动加载装置的设计与制造比较烦琐，并且加载装置的竖向与横向活动范围有限。

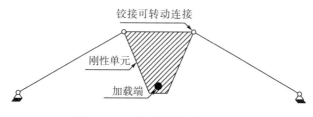

图 2.11　可摆动加载装置示意图

2.3.1.3 换算等效长度加载方式

换算等效长度加载方式是模拟简支边界条件下受弯构件的整体稳定性破坏，其破坏变形顶视图如图 2.9 所示。其实际有效长度与几何长度不等，确定实际有效长度的方法有两种，即通过理论计算反弯点与试验测量反弯点位置确定有效长度。

澳大利亚学者 N. S. Trahair[2.63][2.72]建立了不同边界条件下的弹性计算公式：

$$\frac{\beta_L}{1-\beta_L} = -\frac{\pi}{2k_L} \cot \frac{\pi}{2k_L} \qquad (2.5)$$

式中：β_L 为边界约束参数，k_L 为有效长度系数，并且 $0.5 \leqslant k_L \leqslant 1.0$。采用公式（2.5）计算有效长度系数时，确定 β_L 为边界约束参数十分烦琐，并且采用的是近似数值。

1969 年，英国学者 Dibley[2.4]采用双悬臂四点约束加载，进行了 30 根高强钢纯弯梁的试验研究，并且与当时的英国钢结构设计规范进行了比较。在确定试件有效计算长度时，Dibley 使用了式（2.5）的近似计算公式。

试验测量反弯点法比较简单明了，就是通过测量应变，计算附加应变来判断反弯点的位置。文献[2.73]中采用双悬臂四点约束加载方式进行纯弯梁试验研究，利用试验过程中记录的应变结果计算附加应变的方法确定出反弯点的位置，从而求得试件的有效长度。

通过分析上述 3 种受弯构件整体稳定试验加载方式，发现重力加载方式简单可行，但是加载吨位受到限制，且不易操作；可摆动加载装置设计合理，但是加载装置制作工艺要求较高，可行性较差；换算等效长度加载设备要求简单，试验精度能够满足建筑结构试验要求。

2.3.2 高强钢受弯构件试验研究

1969 年以来，美国学者 McDermott 首先针对早期高强钢制作的工字形受弯力学性能开展了研究[2.74][2.75]，随后日本学者 Kuawamura、Kato 等进一步研究了因高强钢相对普通钢具有的屈强比大、无明显屈服平台段、延伸率低等特点对受弯构件力学性能的影响[2.77]-[2.79]。对于早期高强钢受弯构件，有学者认为其具有足够的变形能力以应用塑性设计[2.75]，但后来一些学者在试验研究中发现 A514 高强梁的受拉翼缘未达到完全塑性弯矩且转动能力不足，认为早期高强钢不具备足够的延性以满足塑性设计的要求[2.80]-[2.82]。此外，由于早期高强钢化学成分中碳当量较高，对焊接工艺要求较为苛刻，增加了建设成本，也阻碍了早期高强钢的推广应用。1994 年，美国联邦公路局、美国海军与美国钢铁协会联合启动了高性能钢的研发项目，ASTM 分别颁布了建筑结构用高性能钢标准 A992 与桥梁用高性能钢标准 A709[2.83]。20 世纪 90 年代末，各国学者相继展开对高强钢与高性能钢受弯构件的试验研究与数值分析。以美国、日本为主的研究者对高强钢受弯构件力学性能进行了大量试验与理论研究，研究内容主要集中在高强钢工字形截面受弯构件的承载力、局部稳定、整体稳定以及高强钢材料力学性能对受弯构件转动性能的影响。研究结果表明，美国现有规范 ASSHTO-LRFD[2.84] 仍可较为准确地预测高强钢工字形截面受弯构件的承载力；与普通钢构件相比，相同截面的高强钢受弯构件的转动能力下降明显（HS-LA80 相对 A36 下降 70%～83%），主要影响因素为材料屈服比；规范 AASHTO-LRFTO[2.64] 相对 ASIC－LRFD[2.85] 要求的翼缘宽厚比限制与腹板宽厚比限制无法保证高强钢受弯构件具有足够的延性；限制钢材的屈强比或严格控制板件宽厚比等以保证高强钢受弯构件具有足够的转动能力；高性能钢梁的疲劳性能相对早期高强钢也有显著提升[2.86]。

此外，为了使高性能钢的优势能在受弯构件中得到充分发挥，美国与英国学者研究并提出了混合钢梁的设计方法；美国与加拿大学者分析了双腹板工字形截面钢梁、波纹腹板工字形截面钢梁以及钢管翼缘工字形截面钢梁等，并给出了相应的设计方法[2.87][2.88]。

高强钢受弯构件整体稳定性能的试验研究比较少，目前只有英国学者 Dibley 对 30 根高强钢、Grade 55 钢工字形钢梁进行了纯弯试验研究[2.4]，试验结果证明高强钢钢梁的整体稳定系数比普通钢钢梁的略有提高。表 2.7 总结了其试件尺寸及试验结果。表 2.7 中 λ 为有效弱轴长细比，f_y 为材料性能试验测得的钢材屈服强度；$\varphi_t = M_f/M_x$，M_f 为试件的弯矩承载力，M_x 为由边缘准则计算得到的弯矩承载力；φ_b 为按照 GB 50017—2017 相应要求计算对应试件得到的整体稳定系数。从 φ_t/φ_b 计算结果可以看出，除 28 号试件的整体稳定系数略小于规范设计值外，其余试件的整体稳定系数都大于规范设计值。

表 2.7 文献 [2.52] 工字形梁试件及试验结果

试件编号	试件截面	λ	f_y(MPa)	φ_t	φ_t/φ_b
1	8×5¼UB17	94.5	505	0.727	1.031
2	8×5¼UB17	94.5	505	0.669	0.949
3	8×5¼UB17	84.0	505	0.828	1.077
4	8×5¼UB17	84.0	505	0.820	1.066
5	8×8 UC58	42.7	457	1.136	1.063
6	8×8 UC58	42.7	457	1.163	1.088
7	12×4 UB19	124.6	516	0.556	1.142
8	12×4 UB19	124.6	516	0.508	1.043

试件编号	试件截面	λ	f_y(MPa)	φ_t	φ_t/φ_b
9	12×4 UB19	109.2	516	0.622	1.037
10	12×4 UB19	109.2	516	0.662	1.103
11	8×5¼ UB17	65.9	505	1.048	1.203
12	8×5¼ UB17	65.9	505	1.044	1.199
13	12×4 UB19	70.0	516	1.000	1.176
14	12×4 UB19	70.0	516	0.952	1.120
15	12×4 UB19	35.0	516	1.144	1.134
16	12×4 UB19	35.0	516	1.190	1.179
17	12×4 UB19	49.0	516	1.077	1.130
18	12×4 UB19	49.0	516	1.240	1.301
19	8×5¼ UB17	42.0	505	1.113	1.133
20	8×5¼ UB17	42.0	505	1.052	1.071
21	6×6 UC20	40.0	581	1.096	1.085
22	6×6 UC20	40.0	471	1.178	1.166
23	6×6 UC20	77.0	462	0.881	1.237
24	6×6 UC20	86.9	462	0.782	1.148
25	8×8 UC58	28.0	457	1.168	1.126
26	8×8 UC58	28.0	457	1.221	1.185
27	6×6 UC20	65.6	468	0.947	1.113
28	6×6 UC20	65.6	467	0.828	0.973
29	8×5¼ UB17	94.4	309	0.936	1.105
30	10×4 UB15	107.1	463	0.633	1.105

2.3.3 受弯构件理论研究

弹性弯曲和扭转屈曲问题的最初理论研究可以追溯到 18 世纪。1744 年，Euler 首次给出了细长柱弯曲屈曲的理论研究方法。1855 年，Saint-Venant 对于杆件受自由扭转的情况，第一次向世人提供了令人信服的表述形式。

此前的研究，均针对弯曲或者扭转变形单独进行研究，直到 1899 年，Michell 和 Pnardtl[2.89] 在研究狭长矩形截面梁的屈曲问题时，首次考虑了弯扭的耦合作用。之后，Timoshenko[2.68] 于 1905 年发展了他们的理论，使其能够考虑翘曲扭转的影响。随后，在 Wangner（1929）和其他研究者的努力下，不对称截面或单轴对称截面结构的弯扭失稳问题也被考虑，至此，弯扭失稳理论发展为一种一般理论。Timosheko（1961）[2.68]、Vlasov（1961）和 Bleich（1952）[2.90] 在他们的著作中将扭转失稳理论系统化，当代薄壁构件的弯扭失稳理论都是以他们的理论为基础。

此后的许多研究者对薄壁构件的弯扭失稳问题进行分析，在 20 世纪 60 年代以前，由于条件的限制，一般以手算方法为主。后来随着计算机和数值技术的发展，数值计算方法越来越成为一种分析和研究的重要手段。Basruom 和 Gallgaher（1970）首次运用有限单元法来计算薄壁构件的屈曲问题，这使得在各种边界条件和荷载情况下薄壁构件的临界荷载的求解成为一个简单的问题。

2.4 本章小结

本章主要对高强钢受压、受弯基本构件试验及理论研究进行了文献综述，可以得到以下结论：

（1）对于钢结构基本构件的理论研究，尤其是弹性阶段理论已十分完善。

（2）国内外学者已进行了大量屈服强度在 420MPa 以下的普通钢基本构件试验与理论研究，并且其设计计算方法比较成熟。

（3）对已有受弯钢梁整体稳定性承载力试验加载方案进行分析，比较各种加载方案的优劣性。

（4）通过对已有高强钢的试验研究结果总结分析，可以得到初步定性的结论，即高强钢受压、受弯构件整体稳定系数比普通钢构件整体稳定系数有所提高。

参考文献

[2.1] 李国强，王彦博，陈素文，等. 高强度结构钢研究现状及其在抗震设防区应用问题 [J]. 建筑结构学报，2013，34（1）：1-13.

[2.2] Mcdermott J F. Local plastic buckling of A514 steel members [J]. Journal of the Structural Division，1969（95）：1837-1850.

[2.3] Mcdermott J F. Plastic bending of A514 steel beams [J]. Journal of the Structural Division，1969（95）：1851-1871.

[2.4] Dibley J E. Lateral torsional buckling of I-sections in grade 55 steel [J]. Journal of the Structural Division，1969，43（4）：599-627.

[2.5] Usami T，Fukumoto Y. Local and overall buckling of welded box columns [J]. Journal of the Structural Division，1982（108）：525-542.

[2.6] Usami T，Fukumoto Y. Welded box compression members [J]. Journal of Structional Engineering，1984，110（10）：2457-2470.

[2.7] Hasham A S, Kim J R. Rasmussen. Section capacity of thin-walled I-section beam-columns [J]. Journal of Structural Engineering, 1998: 351−359.

[2.8] Rasmussen K J R, Hancock G J. Tests of high strength steel columns [J]. Journal of Constructional Steel Research, 1995 (34): 27−52.

[2.9] Rasmussen K J R, Hancock G J. Plate slebderness limits for high strength steel sections [J]. Journal of Constructional Steel Research, 1992 (23): 73−96.

[2.10] Galambos T, Hajjar J, Earls C, et al. Required properties of high-performance steels. Report NISTIR 6004 [R]. Building and Fire Research Labortory, National Institute of Standards and Technology, 1997.

[2.11] Fukumoto Y. New constructional steels and structural stability [J]. Engineering Structures, 1996 (18): 786−791.

[2.12] Ricles J M, Sause R, Green P S. High strength steel implications of material and geometic characteristics on inelastic flexural behavior [J]. Engineering Structures, 1998 (20): 323−335.

[2.13] Rebelo C, Lopes N, Simões da Silva L, et al. Vila Real. Statistical evaluation of the lateral-torsional buckling resistance of steel I-beams, Part 1: Variability of the Eurocode 3 resistance model [J]. Journal of Constructional Steel Research, 2009 (65): 818−831.

[2.14] L. Simões da Silva, C. Rebelo, D. Nethercot. Statistical evaluation of the lateral-torsional buckling resistance of steel I-beams, Part 2: Variability of steel properties

［J］. Journal of Constructional Steel Research，2009（65）：832－849.

［2.15］朱希，施刚. 国产高强度结构钢材材性参数统计与分析［J］. 建筑结构，2015，45（21）：9－15.

［2.16］Li G, Wang Y-B. Behavior and design of high-strength constructional steel［M］. New York：Elsevier. 2021.

［2.17］Tian-Ji Li, Guo-Qiang Li, Siu-Lai Chan, et al. Behavior of Q690 high-strength steel columns：Part 1：Experimental investigation［J］. Journal of Constructional Steel Research，2016（123）：18－30.

［2.18］Yuan-Zuo Wang，Guo-Qiang Li，Yan-Bo Wang，et al. Ductile fracture of high strength steel under multi-axial loading［J］. Engineering Structures，2020（210）：1－17.

［2.19］Yan-Bo Wang, Yi-Fan Lyu, Yuan-Zuo Wang, et al. A reexamination of high strength steel yield criterion［J］. Construction and Building Materials，2020（230）：1－13.

［2.20］刘兵. 高强度结构钢轴心受压构件抗火性能研究［D］. 重庆：重庆大学，2010.

［2.21］王元清，林云，张延年，等. 高强度钢材 Q460C 低温力学性能试验［J］. 沈阳建筑大学学报（自然科学版），2011，27（4）：646－652.

［2.22］中华人民共和国住房和城乡建设部. 建筑抗震设计规范：GB 50011—2010［S］. 北京：中国建筑工业出版社，2010.

［2.23］中华人民共和国住房和城乡建设部. 钢结构设计标准：GB 50017—2017［S］. 北京：中国建筑工业出版

社，2018.

[2.24] 沈祖炎，陈扬骥，陈以一. 钢结构基本原理 [M]. 北京：中国建筑工业出版社，2005.

[2.25] 陈绍蕃. 钢结构设计原理 [M]. 北京：科学出版社，2005.

[2.26] Nishino F，Ueda Y，Tall L. Experimental investigation of the buckling of plates with residual stresses [C] // Proceedings of the Test Methods for Compression Members. Philadelphia：ASTM Special Technical Publication，1967：12−30.

[2.27] Usami T，Fukumoto Y. Local and overall buckling of welded box columns [J]. Journal of the Structural Division，1982，108 （ST3）：525−542.

[2.28] Usami T，Fukumoto Y. Welded box compression members [J]. Journal of Structural Engineering，1984，110 (10)：2457−2470.

[2.29] Gao L，Sun H，Jin F，et al. Load-carrying capacity of high-strength steel box-sections I：stub columns [J]. Journal of Constructional Steel Research，2009，65 （4）：918−924.

[2.30] 曹现雷，郝际平，张天光，等. 单边连接高强角钢受压力学性能的试验研究 [J]. 工业建筑，2009，39 （11）：108−112.

[2.31] 拓燕艳. Q460 高强角钢轴心受压构件整体稳定性的理论和试验研究 [D]. 西安：西安建筑科技大学，2009.

[2.32] 孟路希. Q460 等边角钢稳定承载力的试验研究 [D]. 重庆：重庆大学，2009.

[2.33] 林错错. 高强度钢材焊接截面轴压构件局部稳定性能和

设计方法 ［D］．北京：清华大学，2012.

［2.34］班慧勇．高强度钢材轴心受压构件整体稳定性能与设计方法研究 ［D］．北京：清华大学，2012.

［2.35］施刚，班慧勇，Bijlaard F S K，等．端部带约束的超高强度钢材受压构件整体稳定受力性能 ［J］．土木工程学报，2011，44（10）：17－25.

［2.36］Gang Shi，Hui-Yong Ban，Bijlaard F S K. Tests and numerical study of ultra-high strength steel columns with end restraints ［J］．Journal of Constructional Steel Research，2012（70）：236－247.

［2.37］Hui-Yong Ban，Gang Shi，Yong-Jiu Shi，et al. Overall buckling behavior of 460 MPa high strength steel columns：Experimental investigation and design method ［J］．Journal of Constructional Steel Research，2012（74）：140－150.

［2.38］Huiyong Ban，Gang Shi，Yongjiu Shi，et al. Experimental investigation of the overall buckling behaviour of 960 MPa high strength steel columns ［J］．Journal of Constructional Steel Research，2013（88）：256－266.

［2.39］Gang Shi，Bijlaard F S K. Finite element analysis on the bucklingbehavior of high strength steel columns ［C］// Proceedings of the 5th International Conference on Advances in Steel Structure. Singapore：Research Publishing Service，2007：499－505.

［2.40］Hui-Yong Ban，Gang Shi. Overall buckling behaviour and design of high-strength steel welded section columns ［J］．Journal of Constructional Steel Research，2018（143）：180－195.

［2.41］班慧勇，施刚，邢海军，等．Q420 等边角钢轴压杆稳定性能研究（Ⅰ）——残余应力的试验研究［J］．土木工程学报，2010，43（7）：14－21．

［2.42］施刚，王元清，石永久．高强度钢材轴心受压构件的受力性能［J］．建筑结构学报，2009，30（2）：92－97．

［2.43］施刚，石永久，王元清．运用 ANSYS 分析超高强度钢材钢柱整体稳定特性［J］．吉林大学学报，2009，39（1）：113－118．

［2.44］施刚，石永久，王元清．超高强度钢材焊接箱形轴心受压柱整体稳定的有限元分析［J］．沈阳建筑大学学报（自然科学版），2009，25（2）：255－261．

［2.45］班慧勇，施刚，刘钊，等．Q420 等边角钢轴压杆整体稳定性能试验研究［J］．建筑结构学报，2011，32（2）：60－67．

［2.46］施刚，刘钊，班慧勇，等．高强度等边角钢轴心受压局部稳定的试验研究［J］．工程力学，2011，28（7）：45－52．

［2.47］Yan-Bo Wang, Guo-Qiang Li, Su-Wen Chen. The assessment of residual stresses in welded high strength steel box sections［J］. Journal of Constructional Steel Research，2012（76）：93－99．

［2.48］Yan-Bo Wang, Guo-Qiang Li, Su-Wen Chen. Residual stresses in welded flame-cut high strength steel H-sections［J］. Journal of Constructional Steel Research，2012（79）：159－165．

［2.49］李国强，王彦博，陈素文．高强钢焊接箱形柱轴心受压极限承载力试验研究［J］．建筑结构学报，2012，33（3）：2－14．

［2.50］Yan-Bo Wang, Guo-Qiang Li, Su-Wen Chen. Experimental

and numerical study on the behavior of axially compressed high strength steel columns with H-section [J]. Engineering Structures，2012，43：149－159.

[2.51] 王彦博. Q460 高强钢焊接截面柱极限承载力试验与理论研究 [D]. 上海：同济大学，2012.

[2.52] 李国强，闫晓雷，陈素文 . Q460 高强钢焊接箱形压弯构件极限承载力试验研究 [J]. 土木工程学报，2012，45（8）：67－73.

[2.53] 李国强，闫晓雷，陈素文. Q460 高强度钢材焊接 H 形截面弱轴压弯柱承载力试验研究 [J]. 建筑结构学报，2012，33 (12)：31－37.

[2.54] Tian-Ji Li，Guo-Qiang Li，Yan-Bo Wang. Residual stress tests of welded Q690 high-strength steel box-and H-sections [J]. Journal of Constructional Steel Research，2015 (115)：283－289.

[2.55] Tian-Ji Li，Guo-Qiang Li，Siu-Lai Chan，et al. Behavior of Q690 high-strength steel columns：Part 1：Experimental investigation [J]. Journal of Constructional Steel Research，2016 (123)：18－30.

[2.56] Tian-Ji Li，Si-Wei Liu，Guo-Qiang Li，et al. Behavior of Q690 high-strength steel columns：Part 2：Parametric study and design recommendations [J]. Journal of Constructional Steel Research，2016 (122)：379－394.

[2.57] Tian-Yu Ma，Yi-Fei Hu，Xiao Liu，et al. Experimental investigation into high strength Q690 steel welded H-sections under combined compression and bending [J]. Journal of Constructional Steel Research，2017 (138)：449－462.

[2.58] Tian-Yu Ma, Guo-Qiang Li, Kwok-Fai Chung. Numerical investigation into high strength Q690 steel columns of welded H-sections under combined compression and bending [J]. Journal of Constructional Steel Research, 2018 (144): 119-134.

[2.59] 李国强，王彦博，陈素文，等. Q460C 高强度结构钢焊接 H 形和箱形截面柱低周反复加载试验研究 [J]. 建筑结构学报, 2013, 34 (3): 80-86.

[2.60] 孙飞飞，谢黎明，崔崐，等. Q460 高强钢单调与反复加载性能试验研究 [J]. 建筑结构学报, 2013, 34 (1): 30-35.

[2.61] Le-Tian Hai, Fei-Fei Sun, Chen Zhao, et al. Experimental cyclic behavior and constitutive modeling of high strength structural steels [J]. Construction and Building Materials, 2018 (189): 1264-1285.

[2.62] 陈骥. 钢结构稳定理论与设计 [M]. 北京：科学出版社, 2008.

[2.63] Trahair N S, Bradford M A. The behaviour and design of steel structures [M]. Revised 2nd Edition. London: Chapman and Hall, 1991.

[2.64] Chen W F, Liu E M. Structural stability - theory and implementation [M]. New York: Elsevier, 1987.

[2.65] 吕烈武. 钢结构构件稳定理论 [M]. 北京：中国建筑工业出版社, 1983.

[2.66] 陈绍蕃. 钢结构 [M]. 北京：中国建筑工业出版社, 1994.

[2.67] 陈骥. 实腹式偏心压杆在弯矩作用平面内的稳定计算 [J]. 西安冶金建筑学院学报, 1973: 30-69.

44

[2.68] Timoshenko，S. P. Theory of Elastic Stability [M]. New York：McGraw-Hill，1934.

[2.69] Yarimci E，Yura J A，Lu L W. Techniques for testing structures permitted to sway [J]. Experimental Mechanics，1967，8：321−331.

[2.70] Sritawat Kitipornchai. Inelastic buckling of simply supported steel I-beams [J]. Journal of the Structural Division，1975，7（st7）：1333−1347.

[2.71] Kubo M，Fukumoto Y. Lateral-torsional buckling of thin-weled I-beams [J]. Journal of the Structural Division，1988，114（4）：841−855.

[2.72] Trahair N S. Discussion lateral torsional buckling of I-sections in grade 55 steel [J]. Journal of the Structural Division，1969，43（8）：559−627.

[2.73] 韩邦飞. 钢梁总体稳定性的试验研究 [J]. 石家庄铁道学院学报，1992，5（3）：57−64.

[2.74] McDermott J F. Local plastic buckling of A514 steel members [J]. Journal of the Structural Division ASCE，1969，95（9）：1837−1850.

[2.75] McDermott J F. Plastic bending of A514 steel beams [J]. Journal of the Structural Division ASCE，1969，95（9）：1851−1871.

[2.76] Ban H Y，SHI G. Research progress on the mechanical property of high strength structural steel [C] //Proceedings of the 1st International Conference on Civil Engineering，Architecture and Building Materials，CEABM 2011，June 18，2011−June 20，2011，Haikou，China：Trans Tech Publications，2011：640−648.

［2.77］ Kuwamura H. Effect of yield ratio on the ductility of high strength steels under seismic ［C］//Proceedings of the Annual Technic Session. Minneapolis: Structure Stability Research Council, 1988: 201－210.

［2.78］ Kato B. Deformation capacity of steel structures ［J］. Journal of Constructional Steel Research, 1990, 30 (11): 1003－1009.

［2.79］ Kato B. Role of strain-hardening of steel in structural performance ［J］. ISIJ International, 1990, 30 (11): 1003－1009.

［2.80］ Earls C J. Statability of current design practice in the proportioning of hig performance steel girders and beams ［C］//Proceedings of the 17th International Bridge Conference. Pittsburgh: Engineers' Society of Western Pennsylvania, 2000: 91－98.

［2.81］ Fruehan F J. The making, shaping and treating of steel: steel making and refining ［C］//11th ed. Pittsburgh: The AISE Steel Foundation, 1998.

［2.82］ Bjorhovde R, Engestrom M F, Griffis L G, et al. Structural steel selection considerations ［C］//Reston and Chicago: ASCE and AISC, 2001.

［2.83］ Lwin M M. High performance steel designers' guide ［M］. 2nd Edition. San Francisco: Western Resource Center, Federal Highway Administration, US Department of Transportation, 2002.

［2.84］ American Association of State Highway Transportation Officals. AASHTO LRFD bridge design specifications ［S］. Washington DC: AASHTO, 1998.

46

[2.85] AISC Load and resistance fator design specification for structural steel buildings [S]. Chicago: American Institute of Steel Construction, 1993.

[2.86] Fisher J W, Wright W J. High performance steel enhances the fatigue and fracture resistance of steel bridge structures [J]. International Journal of Steel Structures, 2001, 1 (1): 1−7.

[2.87] Driver R G, Abbas H H, Sause R. Local buckling of grouted and ungrouted internally stiffened double-plate HPS webs [J]. Journal of Constructional Steel Research, 2002, 58 (5/6/7/8): 881−906.

[2.88] Sause R, Abbas H, Kim B-G, et al. Innovative high performance steel bridge girders [C] //Proceedings of the 2001 Structures Congress and Exposition. Reston, United States: American Society of Civil Engineers, 2004: 1−8.

[2.89] 童根树. 钢结构的平面外稳定 [M]. 北京：中国建筑工业出版社，2007.

[2.90] Bleich F. Buckling strength of metal structures [M]. New York: McGraw-Hill, 1952.

3 焊接箱形压弯构件试验研究

3.1 引　言

本章主要针对国产 11mm 厚 Q460 高强钢焊接箱形压弯构件整体稳定极限承载力进行试验研究，并将试验结果与我国现行《钢结构设计标准》（GB 50017—2017）[3.1]弯矩作用在对称轴平面内的实腹式压弯构件整体稳定性公式计算结果进行对比分析。

试件选材、焊接加工工艺、运输均严格按照我国下列相关规范及标准执行：

（1）《热轧钢板和钢带的尺寸、外形、重量及允许偏差》（GB/T 709—2019）[3.2]。

（2）《低合金高强度结构钢》（GB /T 1591—2018）[3.3]。

（3）《钢及钢产品力学性能试验取样位置及试样制备》（GB/T 2975—2018）[3.4]。

（4）《钢结构设计标准》（GB 50017—2017）[3.1]。

（5）《高层民用建筑钢结构技术规程》（JGJ 99—2015）[3.5]。

（6）《钢结构焊接规范》（GB 50661—2011）[3.6]。

试件用钢为 11mm 厚国产 Q460 高强钢材，从南京钢铁集团选购，具有正规合格证书，力学性能指标均满足规范（1）（2）要求。每张选购钢板均按照规范（3）的要求取样，送交上海材料研究所检测中心（国家金属材料质量监督检验中心）进行钢板

48

质量合格检测。确定所购钢板合格后，按照规范（4）（5）（6）选择
合适的加工工艺及制作要求进行试件加工。通过上述选材、加工
及制作过程可以确保试验结果的可靠性及实用价值。

3.2 试验设计与制作

试验包括 7 根焊接箱形试件，板厚均为 11mm，试件长度均
为 3m 左右。试件柱子长细比分别为 35、55、80，设计偏心距分
别为 65mm、55mm、50mm。除了长细比为 80 类型的试件为 3
根，其余类型各 2 根。不同的长细比以不同的截面尺寸来实现。
为了排除局部屈曲对试件极限承载力的影响，试件截面宽厚比均
满足钢结构设计规范板件局部稳定的要求。3 种截面的宽厚比分
别为 18、12、8。为了便于识别，将试件以宽厚比、长细比冠以
截面类型 B 命名，如试件 B−8−80−X−1，代表宽厚比为 8，长
细比为 80 的 1 号箱形压弯试件（表 3.1）。

表 3.1 试件几何尺寸

试件编号	B (mm)	t (mm)	L (mm)	L_e (mm)	A (mm²)	I (cm⁴)	r (mm)	e (mm)	λ
B−8−80−X−1	110.0	11.5	3000	3320	4531	743	40.49	48.1	82.00
B−8−80−X−2	110.8	11.5	2940	3260	4581	767	40.92	54.6	79.67
B−8−80−X−3	112.5	11.3	3000	3320	4574	791	41.59	53.4	79.83
B−12−55−X−1	155.2	11.5	2940	3260	6610	2290	58.86	55.4	55.39
B−12−55−X−2	153.3	11.5	2940	3260	6523	2200	58.07	53.4	56.14
B−18−35−X−1	222.0	11.4	2940	3260	9603	7120	86.11	66.0	37.86
B−18−35−X−2	219.8	11.5	2940	3260	9582	6950	85.17	65.5	38.26

注：B、t 含义如图 3.1 所示；L 为试件柱的净长度；L_e 为有效长度，
代表试件两端铰接转动接触面间的距离；A 为箱形截面面积；I 为截面惯
性矩；r 为回转半径；e 为实测偏心距；$\lambda = L_e/r$。

试件加工中钢板采用火焰切割，并以匹配 Q460 等强度的高强焊丝 ER55－D2 焊接而成。焊接采用气体保护焊手工焊接，试件两端 500mm 全熔透焊接，试件其余部位为部分熔透焊接，其中，部分焊透焊缝坡口深度为 8mm，焊缝厚度 5mm。焊接电流 190~195A，焊接电压 28~30V，平均焊接速度 2.3mm/s。试件的制作过程中采用了优化的焊接工艺及焊接顺序，以减小试件的初始挠度变形。加工完毕后，又对柱子两端各 500mm 范围及端板焊接部位进行了火焰矫正，以减小初始挠度及调整两端端板至相互平行。箱形构件截面形状如图 3.1 所示，其中 W_1、W_2、W_3、W_4 分别代表四条焊缝。压弯构件初始偏心由端板中心与柱中心轴的距离实现，如图 3.2 所示。

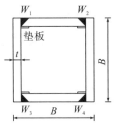

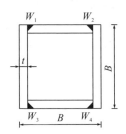

（a）全焊透焊缝　　　　　（b）部分焊透焊缝

图 3.1　箱形构件截面

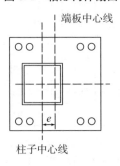

图 3.2　初始偏心

3.3 试验方案设计

试验采用同济大学建筑结构试验室 10000kN 大型多功能结构试验机系统（如图 3.3 所示）进行加载。试验机系统主机采用双门式框架、可调空间结构及双轴拉压，工控 PC 多通道电液伺服控制系统能实现多通道异步加载，具有等速试验力、等速位移、试验力保持、位移保持、多通道协调加载、荷载跟踪等多种控制模式。数据采集系统为英国输力强公司的 IMP 数据采集设备，基本通道 300 个，可扩展通道 100 个。试验数据、曲线实现屏幕显示、磁盘存储、数据库管理等功能，具有网络接口，可以实现试验数据的网络传输、远程试验等附加功能。

图 3.3 10000kN 大型多功能结构试验机系统

试验机系统在竖向加载或水平加载下，作动器均能随试件跟动，其位移可根据竖向作动器与水平作动器的加载行程确定。加载跟动系统从根本上解决了大型结构多向同步跟动加载问题。垂直加载能力：压力 ≤ 10000kN，拉力 ≤ 3000kN，加载行程 ±300mm。Ⅰ 号水平加载能力：推力 3000kN，拉力 1500kN，加载行程 ± 300mm。Ⅱ 号水平加载能力：推力 1500kN，拉力

1000kN，加载行程±300mm。加载精度为荷载示值的±1％和满刻度的 0.02％，以及位移示值的±1％和满刻度的 0.02％。

由于试件采用 Q460 高强钢中厚板，系列试验中最大尺寸截面的 H 形压弯构件极限承载能力预计达到 2500kN。考虑到现有的刀口支座难以承受如此高的试验荷载，专门设计并制作了转动灵活、承载能力高的弧面支座，如图 3.4 所示。试件两端均使用该弧面支座，转动效果良好，达到了理想的两端铰接约束的效果。

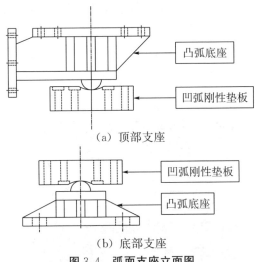

（a）顶部支座

（b）底部支座

图 3.4 弧面支座立面图

试件上、下端部分别采用半圆柱铰接支座与压力机连接。该系统垂向加载器最大推力 10000kN，作动器行程±300mm，具有等速试验力、等速位移、试验力保持、位移保持、多通道协调加载等多种控制模式。本试验加载采用等速试验力与等速位移切换控制。预加载及 80％的极限承载力预测值采用等速荷载增量控制。为防止试件的突然压曲，确保试验安全稳定进行，当试验荷载加载到 80％预测值后切换为等速位移增量控制。当试件承载力下降到实测极限承载力的 60％时，认为试件已经被破坏，停止加载并卸载到零。

在试件长度 1/2 处布置了 12 片应变片,用于监测预加载、正式加载时中间截面的应力、应变状态;在试件及支座上共布置了 16 个位移计,分别用于监测柱子的轴向变形、弯曲方向的挠度、非弯曲方向的挠度及支座的转动位移,应变片与位移计布置位置如图 3.5 所示。

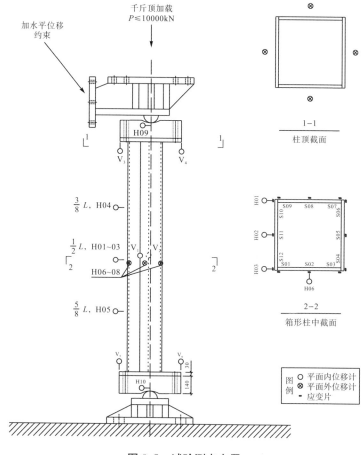

图 3.5 试验测点布置

3.4 初始缺陷

压弯构件初始缺陷包括初始几何缺陷与焊接截面残余应力。试件安装前对每根试件的初始挠度、偏心距误差都进行了测量。由于 $W_1 \sim W_4$ 四条焊缝施焊顺序各有先后，试件加工完毕后会产生初始挠度，其由柱两端连线与柱中偏差得到。偏心距误差为设计偏心距与实测偏心距之差，测量结果见表 3.2。

表 3.2　几何初始缺陷

试件编号	e_x（mm）	Δ_x（mm）	Δ_x/L（‰）
B-8-80-X-1	−1.9	−4.5	−1.355
B-8-80-X-2	4.6	−6	−1.840
B-8-80-X-3	−3.4	−6.1	−1.837
B-12-55-X-1	0.4	−2.8	−0.859
B-12-55-X-2	−1.6	3.5	1.074
B-18-35-X-1	−1	−1	−0.307
B-18-35-X-2	0.5	−1.7	−0.521
B-8-80-X-1	−1.9	−4.5	−1.380

注：Δ_x 为初始挠度，e_x 为偏心距误差。

文献 [3.7][3.8] 中采用了与本书试件相同钢板、相同工艺制作的 3 个同样尺寸的残余应力试件，进行了残余应力测试，并给出了箱形截面残余应力简化分布模式，初始缺陷数据用于随后的理论研究。

3.5 试验现象

全部 7 根试件均采用 10000kN 大型多功能结构试验机系统进行加载。试件安装过程中将上、下支座调平对中，并使试件的上、下端板投影重合，如图 3.6 所示。

　　试件安装完毕后先实施预加载，检查应变仪、位移计等监测设备的运行状况，判定位移计方向。各项准备工作检查无误后进行正式加载。以试件 B-12-55-X-1 为例，由于初始偏心的存在，一经加载试件的挠度即有微小的开展，并随荷载的增大线性增长。当加载力接近极限荷载时，挠度曲线的斜率逐渐减小。在荷载达到极限荷载的 70% 左右时，可以观测到试件开始出现明显弯曲，但没有任何局部的凸曲，应变表明受压区钢材已经进入屈服阶段。随着荷载的继续增大，挠度与受拉区应变增长加快，柱子弯曲程度急剧增大。当荷载增大到极限荷载时，构件的反力不再增大，但是挠度与应变开展速度加快，与轴压构件比较，压弯构件的塑性开展能力明显增强，与极限失稳理论吻合良好。至此，3 种截面构件都没有出现板的局部失稳现象，说明我国现行钢结构规范对于箱形截面翼缘的限定公式还是适用的。其中编号为 B-18-35-X-1、B-18-35-X-2 的试件在承载力下降阶段，柱的 1/2 处出现板的局部屈曲现象，如图 3.6（i）标注位置所示。

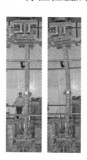

（a）B-8-80-X-1　　　　（b）B-8-80-X-2　　　　（c）B-8-80-X-3
　加载前后　　　　　　　　加载前后　　　　　　　　加载前后

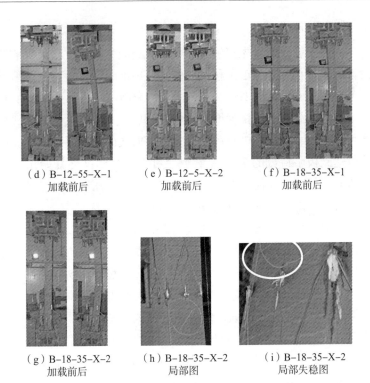

（d）B-12-55-X-1　　　（e）B-12-5-X-2　　　（f）B-18-35-X-1
加载前后　　　　　　　加载前后　　　　　　加载前后

（g）B-18-35-X-2　　　（h）B-18-35-X-2　　　（i）B-18-35-X-2
加载前后　　　　　　　局部图　　　　　　　局部失稳图

图 3.6　试件加载前后变化

3.5.1　荷载与侧向挠度

通过试验得到 3 种截面 7 根压弯试件的荷载 N 与柱中点面内挠度 u 关系曲线、荷载 N 与柱中点面外挠度 v 关系曲线以及荷载 N 与柱轴向位移 Δ 的关系曲线，如图 3.7 至图 3.13 所示。压弯构件 $N-u$ 关系曲线明显分为 3 个阶段：弹性阶段、弹塑性阶段和塑性阶段。当荷载较小时，荷载与挠度关系呈线性变化，试件处于弹性阶段。随着荷载进一步增加，跨中侧向挠度增加速度明显加快，曲线呈现非线性，此阶段为弹塑性。此后，侧向挠度增长速度进一步加快，而荷载呈现降低趋势，此阶段为塑性。

荷载与侧向挠度的发展规律与长细比密切有关。

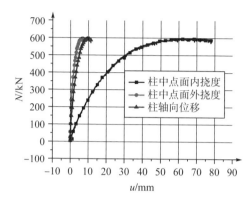

图 3.7 B-8-80-X-1 试件三种关系曲线

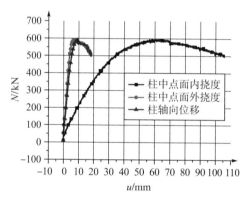

图 3.8 B-8-80-X-2 试件三种关系曲线

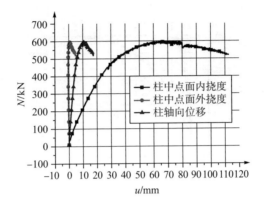

图 3.9　B-8-80-X-3 试件三种关系曲线

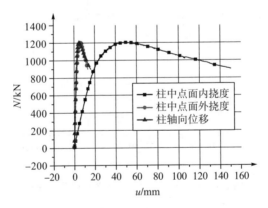

图 3.10　B-12-55-X-1 试件三种关系曲线

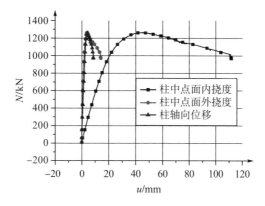

图 3.11 B-12-55-X-2 试件三种关系曲线

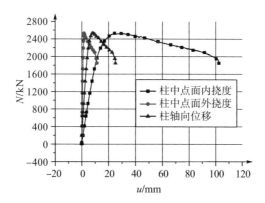

图 3.12 B-18-35-X-1 试件三种关系曲线

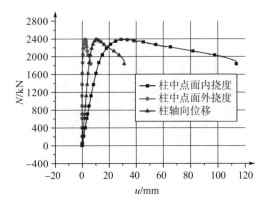

图 3.13　B－18－35－X－2 试件三种关系曲线

3.5.2　荷载与纵向应变

通过试验，得到 3 种截面 7 根压弯试件的荷载 N 与柱中纵向应变 ε 关系曲线，如图 3.14 至图 3.20 所示。压弯构件 $N-\varepsilon$ 关系曲线明显分为 3 个阶段：弹性阶段、弹塑性阶段和塑性阶段。当荷载较小时，荷载与应变关系呈线性变化，试件处于弹性阶段。对应图 3.5 柱中 S02、S05、S08、S11 测点布置位置，结合各试件弹性阶段应变具体数值 ε_{S02}、ε_{S05}、ε_{S08}、ε_{S11}（假定 $\varepsilon_{S02}=\varepsilon_{S08}$）确定出柱中弯曲变形的中性轴位置。中性轴和 S02、S05、S08、S11 测点位置的距离分别与应变值 ε_{S02}、ε_{S05}、ε_{S08}、ε_{S11} 比值相等，因此可以认为此阶段箱形柱压弯截面变化符合平截面假定。例如 B－8－80－X－1 构件，当 $N=200\text{kN}$ 时，$\varepsilon_{S02}=-215$、$\varepsilon_{S05}=-543$、$\varepsilon_{S08}=-209$、$\varepsilon_{S11}=134$，假定 $\varepsilon_{S02}=\varepsilon_{S08}=\varepsilon_{S0208}=-213$。根据三角关系可以得到中性轴位于 S11 以内 $D_{11}=21.5\text{mm}$，S05 以内 $D_{05}=88.5\text{mm}$，S02、S08 以右 $D_{0208}=34\text{mm}$。$\varepsilon_{S11}/D_{11}\approx\varepsilon_{05}/D_{05}\approx\varepsilon_{S0208}/D_{0208}\approx6.2$。

随着荷载进一步增加，跨中纵向线应变增长速度明显加快，

ε_{S05}、ε_{S11}曲线呈现非线性增长，此阶段为弹塑性。此后，应变增长速度进一步加快，而荷载呈现降低趋势，此阶段为塑性。此后应变迅速增长，构件破坏。

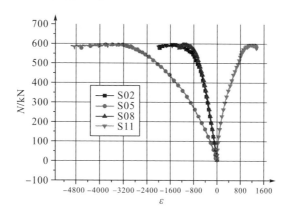

图 3.14 B-8-80-X-1 试件 $N-\varepsilon$ 关系曲线

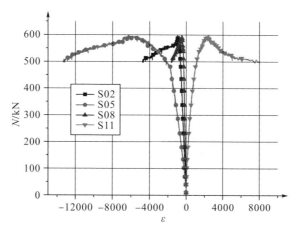

图 3.15 B-8-80-X-2 试件 $N-\varepsilon$ 关系曲线

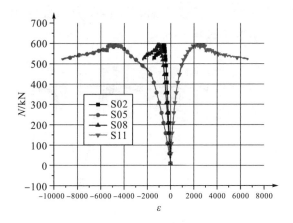

图 3.16　B−8−80−X−3 试件 $N-\varepsilon$ 关系曲线

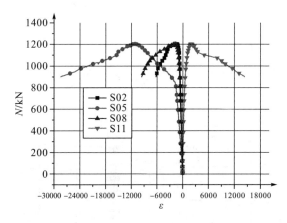

图 3.17　B−12−55−X−1 试件 $N-\varepsilon$ 关系曲线

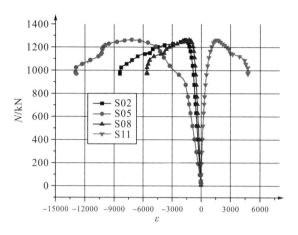

图 3.18 B-12-55-X-2 试件 N-ε 关系曲线

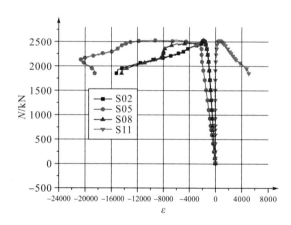

图 3.19 B-18-35-X-1 试件 N-ε 关系曲线

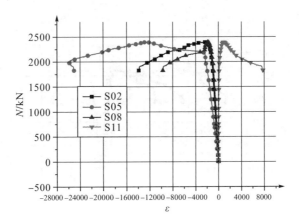

图 3.20 B−18−35−X−2试件 $N-\varepsilon$ 关系曲线

3.6 试验结果与规范比较

关于钢结构压弯构件的整体稳定性能，国内目前仅对普通强度钢材构件制定了相应的设计计算方法，对高强度钢材构件试验研究数据有限。《钢结构设计标准》（GB 50017—2017）对于Q460 高强度钢材钢柱的设计方法、计算公式以及相关规定只是简单沿用了普通钢材基本构件的设计方法。

根据《钢结构设计标准》（GB 50017—2017），弯矩作用在对称轴平面内的实腹式压弯构件，其稳定性应按式（3.1）计算：

$$\frac{N}{\varphi_x A} + \frac{\beta_{mx} M_x}{\gamma_x W_{1x}(1 - 0.8\frac{N}{N'_{EX}})} \leqslant f \qquad (3.1)$$

式中：N 为所计算构件端范围内的轴心压力；N'_{EX} 为参数，$N'_{EX} = \frac{\pi^2 EA}{1.1\lambda_x^2}$；$\varphi_x$ 为弯矩作用平面内的轴心受压构件稳定系数，对于箱形焊接截面选 c 类截面稳定系数，对于 H 形焊接截面选 b

类截面稳定系数；M_x 为所计算构件段范围内的最大弯矩；W_{1x} 为在弯矩作用平面内对较大受压纤维的毛截面模量；β_{mx} 为等效弯矩系数，本书所研究构件均为等端弯矩荷载条件，取 $\beta_{mx}=1$；γ_x 为截面塑性铰发展系数，焊接箱形截面取 1.05，焊接 H 形截面弱轴压弯取 1.2。

按照我国现行《钢结构设计标准》（GB 50017—2017）[3.1]，弯矩作用在对称轴平面内的实腹式压弯构件，整体稳定性公式计算结果与试验结果进行对比分析，计算结果与试验极限承载力进行比较，列于表 3.3。

表 3.3　计算结果与试验结果比较

试件编号	试验结果（kN）	计算结果（kN）	计算结果/试验结果
B－8－80－X－1	598.5	448.6	0.75
B－8－80－X－2	598.0	443.1	0.74
B－8－80－X－3	599.0	451.3	0.75
B－12－55－X－1	1204.5	967.2	0.80
B－12－55－X－2	1264.5	954.7	0.76
B－18－35－X－1	2532.0	1846.8	0.73
B－18－35－X－2	2393.0	1821.3	0.76

由表 3.3 计算结果与试验结果的比较可以看出，如按现行钢结构规范计算 Q460 焊接箱形压弯构件极限承载力，其计算结果与试验结果比较均偏小 20% 以上。

为了进一步研究，便于试验结果与设计公式的比较，将试验结果转化为无量纲数值，以 N 和 N_p 之比为 y 轴，N_p 为柱截面完全受压情况下的屈服压力，即 $N_p=Af_y$；以 M 和 M_p 之比为 x 轴，其中 M 为压弯构件杆端弯矩，具体试验点结果为压弯构件极限承载力与初始偏心的乘积，$M=Ne$，初始偏心 e 的具体数值如表 3.1 所示；M_p 为柱截面在纯弯情况下的屈服弯矩，即 $M_p = W_{1x} f_y$。B−8−80，B−12−55，B−18−35 三种截面的板件宽厚比均小于 20，按照钢结构规范属于 c 类截面。因此以 $f_y = 505.8$MPa（压弯试件钢材材性试验结果值）代入设计公式（3.1），并绘制 $\lambda = 80$，55，35，0，c 类焊接箱形截面压弯构件的相关曲线如图 3.21。由图 3.21 中可以看出，所有试件试验结果均高于 c 类截面对应长细比压弯构件的相关曲线，说明如采用目前设计公式计算压弯构件，其结果偏于保守。

此外，值得注意的是，两根长细比 $\lambda = 35$ 的压弯构件，其试验结果远远高于 $\lambda = 35$ 的压弯构件设计相关曲线，甚至高于 $\lambda = 0$ 的压弯构件设计相关曲线，出现这种现象的原因是压弯构件随着长细比的减小，残余应力对构件迹象承载力的不利减小。对于短粗的杆（$\lambda \leqslant 50$），随着杆端弯矩的增大，残余应力不利影响减小，在相当范围内还起到有利影响[3.10]。

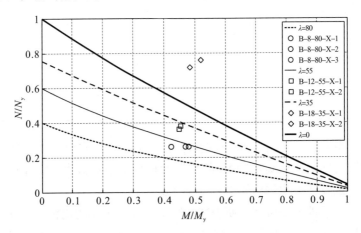

图 3.21　压弯构件相关曲线

3.7 本章小结

本章完成了 7 个名义屈服强度为 460MPa 钢材焊接箱形截面压弯构件整体稳定性能的试验研究，主要得出以下结论：

（1）足尺 Q460 高强钢焊接箱形截面极限承载力试验研究方案设计合理，半圆柱铰支座达到了预期铰接支座的效果。

（2）Q460 高强钢焊接箱形压弯构件试验结果明显高于我国现行钢结构规范设计公式计算值。

（3）本章 Q460 高强钢焊接箱形压弯构件试验研究结果为进行进一步数值计算模型验证、参数分析研究以及实用整体失稳极限承载力设计方法提供了验证依据。

参考文献

[3.1] 中华人民共和国住房和城乡建设部. 钢结构设计标准：GB 50017—2017［S］. 北京：中国建筑工业出版社，2018.

[3.2] 国家市场监督管理总局，中国国家标准化管理委员会. 热轧钢板和钢带的尺寸、外形、重量及允许偏差：GB/T 709—2019［S］. 北京：中国质检出版社，2019.

[3.3] 国家市场监督管理总局，中国国家标准化管理委员会. 低合金高强度结构钢：GB/T 1591—2018［S］. 北京：中国标准出版社，2018.

[3.4] 国家市场监督管理总局，中国国家标准化管理委员会. 钢及钢产品力学性能试验取样位置及试样制备：GB/T 2975—2018［S］. 北京：中国质检出版社，2019.

[3.5] 中国建筑标准设计研究院有限公司. 高层民用建筑钢结构技术规程：JGJ 99—2015［S］. 北京：中国建筑工业出版

社，2015.

[3.6] 中华人民共和国住房和城乡建设部. 钢结构焊接规范：GB 50661—2011［S］. 北京：中国建筑工业出版社，2012.

[3.7] Yan-Bo Wang，Guo-Qiang Li，Su-Wen Chen. The assessment of residual stresses in welded high strength steel box sections［J］. Journal of Constructional Steel Research，2012，76：93−99.

[3.8] 李国强，王彦博，陈素文，等. Q460高强钢焊接箱形柱轴心受压极限承载力参数分析［J］. 建筑结构学报，2011，32（11）：149−155.

[3.9] 王彦博，焊接截面纵向残余应力变化规律［J］. 建筑结构，2010，40（S1）：204−208.

[3.10] Ballio G，Mazzolani F M. Theory and Design of Steel Structures［M］. London：Chapman & Hall，1983.

4 焊接箱形压弯构件的
参数分析与设计建议

4.1 引 言

前面介绍了 Q460 高强钢焊接箱形截面压弯构件的试验研究，其中进行了 3 种尺寸焊接箱形截面 7 根压弯构件的极限承载力试验，并与我国现行规范进行了对比。比较结果表明，焰割边 Q460 高强钢焊接箱形压弯构件整体失稳时，与我国现行钢结构规范的设计值相差约 20％。为了在有限试验数据的基础上进一步研究其设计方法，需要建立准确可靠的数值计算模型，针对影响压弯构件极限承载力的主要参数进行更为广泛的分析。

本章首先采用数值积分法和有限单元法（统称数值分析方法）建立考虑初始几何缺陷与残余应力的 Q460 高强钢焊接箱形截面的数值计算模型。其次通过计算前面 7 根压弯构件的极限承载力及模拟其失稳过程，并与试验结果进行比较，验证数值计算模型的准确性。再次分别采用数值积分法与有限单元法对 Q460 高强钢焊接箱形压弯构件的极限承载力进行了参数分析，比较两种不同数值方法的计算结果，并分析了残余应力、构件截面宽厚比、长细比及偏心率等参数对构件极限承载力的影响。最后，将参数分析结果与我国现行钢结构设计规范比较，并提出设计建议。

4.2 数值模型方法

4.2.1 Q460 高强钢材料性能与本构关系

根据同课题组前置研究成果文献［4.1］中对本试验所用的同批次 11mm 厚高强钢板进行的材料拉伸试验，试验遵循《钢及钢产品力学性能试验取样位置及试样制备》（GB/T 2975—2018）[4.2] 与《金属材料 拉伸试验 第 1 部分：室温试验方法》（GB/T 228.1—2010）[4.3] 要求，对 9 根试件的钢材力学性能进行了测试，其试验结果见表 4.1。根据试验所得钢材的力学性能平均值见表 4.1，其数值可用于计算分析。

表 4.1 钢材力学性能

试件编号	E(GPa)	f_y(MPa)	f_u(MPa)	f_y/f_u	δ(%)
1	207.8	488.1	599.4	0.814	21.11
2	209.2	495.1	588.0	0.842	21.33
3	207.3	508.6	597.2	0.852	21.24
4	208.8	511.4	592.5	0.863	39.09
5	207.4	523.9	610.2	0.859	21.70
6	207.8	531.3	630.6	0.843	18.89
7	206.5	512.8	582.6	0.880	22.46
8	—	496.5	608.5	0.816	20.54
9	—	484.2	568.9	0.851	26.66
平均值	207.8	505.8	597.5	0.846	23.67

注：E 为弹性模量，f_y 为屈服强度，f_u 为抗拉强度，δ 为断后伸长率。

根据上述 11mm 厚 Q460 钢板材性试验结果，分别建立了考虑应变强化效应与忽略应变强化效应的双折线理想弹塑性材料模型，如图 4.1 所示。数值分析方法分别采用了两种不同的材料模型对构件极限承载力进行计算。

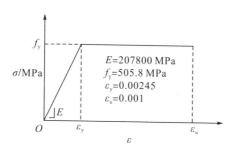

E=207800 MPa
f_y=505.8 MPa
ε_y=0.00245
ε_u=0.001

（a）理想弹-塑性模型

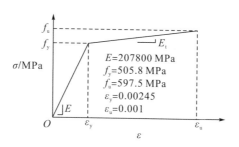

E=207800 MPa
f_y=505.8 MPa
f_u=597.5 MPa
ε_y=0.00245
ε_u=0.001

（b）线性强化模型

图 4.1　Q460 高强钢本构关系模型

4.2.2　初始缺陷

对压弯构件稳定破坏极限承载力影响最大的初始缺陷包括初始弯曲和残余应力。初始偏心的影响和初始弯曲大体相同，常与后者合并在一起考虑。前面 3.3 节在试验前测量了所有试件的初始偏心与初始挠度，列于表 3.2。本书在数值计算模拟中按照实测值考虑了初始几何缺陷。

残余应力作为另一种类型的初始缺陷，与内力叠加后可能使部分截面提前屈服，导致整体失稳提前发生而降低构件的极限承载力。虽然箱形截面绕双轴均对称，但由于四条焊缝施焊顺序不同，残余应力的实际分布往往是不对称的。文献［4.4］测试了与本书压弯试件对应的三个不同尺寸截面的残余应力分布，并给出了简化的残余应力分布模型，如图 4.2 所示。图中 α 为残余拉应力 σ_{rt} 与材料屈服强度 f_y 的比值，β 为残余压应力 σ_{rc} 与材料屈服强度 f_y 的比值，不同截面对应的 α、β 见表 4.2。文献［4.4］中残余应力测试试件的钢板、加工工艺与本书介绍的压弯试件完全相同，因此本书压弯试件数值模拟采用其建议的残余应力简化模型。

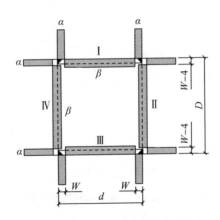

图 4.2 焊接箱形截面简化残余应力模型

表 4.2 残余应力比值

试件编号	$\alpha = \sigma_{rt}/f_y$	$\beta = \sigma_{rc}/f_y$
R—B—8	0.555	−0.255
R—B—12	0.678	−0.195
R—B—18	0.787	−0.142

注：σ_{rt}为残余拉应力，σ_{rc}为残余压应力，f_y为钢材屈服强度。

4.2.3 数值计算方法的截面划分

决定截面网格的划分形式与数量的因素主要有计算精确度与数值模拟所考虑的残余应力分布。根据文献［4.4］中与压弯构件相对应的 Q460 焊接箱形截面残余应力测试结果，本书数值模拟计算考虑截面残余应力实测结果与其简化残余应力模型，其简化模型如图 4.2 所示。压弯构件通过不同精度网格划分的截面试算，得出以图 4.3 所示截面网格划分可以满足计算精度要求。为了便于施加初始残余应力，数值积分法分析在采用图 4.3 所示网格划分的同时，还需参照残余应力分布规律对截面做进一步划分。

图 4.3 数值积分法截面单元划分

4.2.4 数值积分法

如图 4.4 所示，薄壁构件整体稳定分析在弹性阶段的几何非线性一般微分方程为：

$$EIy'' + P(y + e_0 + v_0(z)) = 0 \qquad (4.1)$$

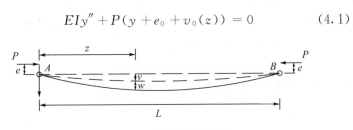

图 4.4 压弯构件的挠曲线

式中：E 为弹性模量，I 为截面惯性矩，y 为挠度，P 为轴向力，e_0 为初始偏心，$v_0(z)$ 为初始挠度，z 为柱轴向坐标。

压弯构件受轴心压力和弯矩交叉作用，改变其加载顺序对构件极限荷载的影响极小[4.5]。通过几何边界条件与自然边界条件可以求得弹性失稳的解析解。但是实际中的压弯构件失稳常常是弹塑性失稳，同时还要考虑杆件焊接制造过程中所产生残余应力的影响，因此实际压弯构件的微分方程为变系数微分方程，无法得到解析解。

数值积分法是求解微分方程的常用方法，当用数值积分法求解压弯构件稳定边界值问题时，可以通过不断修正假设的初始值以取得满足边界条件的解答。具体的求解过程沈祖炎等在文献［4.6］中已有介绍，这里不再详细叙述。作者根据文献［4.6］所述方法编制了数值积分法的电算程序，对 7 根压弯构件箱形试件进行计算。该计算程序可以考虑任意的残余应力分布、初始偏心和初始弯曲，应力－应变关系可根据需要定义为弹塑性或线性强化材料模型。

4.2.4.1　构件分段及截面单元划分

数值积分法求解稳定问题有多种分段插值函数可供选择，本书采用了常用的泰勒级数作为分段插值函数。计算时需将长度为 L_e 的试件划分为等长或不等长的若干段，依次以上段已知量计算下段未知量。如将试件平均划分为 n 段，则每段长度为：

$$a = \frac{L_e}{n} \tag{4.2}$$

杆件纵向分段数量决定了计算精确度，通过不同分段数试算发现，当 $n = 20$ 时，由试件划分段数而产生的误差已小于 0.05%。因此，后面数值积分法分析均采用 20 段等长度划分试件。

由泰勒级数展开式可得节点 n 处的挠度与转角表达式为：

$$v_n = v_{n-1} + a\theta_{n-1} - \frac{a^2}{2} \Phi_{n-(1/2)} \tag{4.3}$$

$$\theta_n = \theta_{n-1} - a \Phi_{n-(1/2)} \tag{4.4}$$

式中：v_n 为 n 点挠度，θ_n 为 n 点转角，$\Phi_{n-(1/2)}$ 为 n 与 $n-1$ 段中点处的曲率。

分段后需计算每段中点截面 $n-(1/2)$ 处的内力，以检验是否与外加荷载平衡。数值分析中需要将截面划分为若干个单元，对所有 m 个单元以求和来代替积分计算轴力与弯矩，其表达式分别为：

$$\int_A \sigma_i \, \mathrm{d}A = \sum_{i=1}^{m} \sigma_i A_i \tag{4.5}$$

$$\int_A \sigma_i y_i \, \mathrm{d}A = \sum_{i=1}^{m} \sigma_i y_i A_i \tag{4.6}$$

式中：A_i 为单元 i 的面积，y_i 为单元 i 的形心点的 y 轴坐标，σ_i

为单元 i 的平均应力。

4.2.4.2 平衡方程与边界条件

应用数值积分法求解微分方程时，平衡方程转化为内外轴力与弯矩的平衡：

$$P = \sum_{i=1}^{m} \sigma_i A_i \qquad (4.7)$$

$$M = \sum_{i=1}^{m} \sigma_i y_i A_i \qquad (4.8)$$

式（4.7）和式（4.8）中 σ_i 为单元 i 的应力。

$$\sigma_i = \varepsilon_{n-(1/2)} - y_i \Phi_{n-(1/2)} + \frac{\sigma_{ri}}{E} \qquad (4.9)$$

式（4.9）中，等号后第一项 $\varepsilon_{n-(1/2)}$ 为第 $n-1$ 段到第 n 段的中点截面上由轴力 P 产生的平均应变，第二项 $y_i \Phi_{n-(1/2)}$ 为弯曲产生的应变，第三项为残余应力 σ_{ri} 对应的残余应变。

式（4.7）至式（4.9）中未知量为每个分段中截面处的平均应变 $\varepsilon_{n-(1/2)}$ 和曲率 $\Phi_{n-(1/2)}$。计算中通过不断地调整 $\varepsilon_{n-(1/2)}$ 以满足式（4.7）得到正确解答；同样的，找到能满足式（4.8）的 $\Phi_{n-(1/2)}$ 为正确解答。

由于对称特性，边界条件采用柱中点截面转角为 0，即 $\theta_{10} = 0$。数值积分法转化为通过不断地修正 θ_0 假设值以满足 $\theta_{10} = 0$。

在电算程序中，先选用较小的外加荷载 P 开始计算，然后逐步增大。当增加了荷载 ΔP 后计算无法收敛时，退回到上一步荷载 P 并减小荷载增量 ΔP 继续尝试计算。直到 $\Delta P/P < 1.0 \times 10^{-4}$ 时，认为能够收敛的最后一个 P 值即为试件的极限承载力。下降阶段采用逆算法计算，逐步增大 θ_0，通过不断修正假设荷载值 P 以满足 $\theta_{10} = 0$。在求解过程中，每一增量步的挠度、荷载、应力、应变与转角等信息均被保存到结果文件中，可以用来绘制

荷载-变形图或查看相应的应力、应变状态。

4.2.5　有限单元法

有限单元分析使用通用有限元软件 ANSYS。先对焊接箱形截面采用 PLANE82 单元划分网格，存为自定义截面信息文件供后续梁单元读入，有限元法截面单元划分如图 4.5 所示。柱子采用 BEAM188 单元，沿长度方向划分为 40 个等长单元。采用 Mises 屈服准则，按照前面介绍的材料模型分别采用双线性理想弹塑性模型与双线性随动强化模型模拟理想弹塑性钢材本构关系。几何初始缺陷按照表 3.2 所示实测初始偏心与初始弯曲之和，以对应的失稳模态形式写入初始模型。残余应力同样采用 4.2.4 节的简化残余应力分布模型与文献［4.4］实测残余应力结果两种模型生成初始残余应力文件，在分析时截面每个单元上 4 个积分点从初始文件中读取相同的残余应力值。在图 4.5 中，（a）为简化残余应力模型所对应的界面划分形式，（b）为实测残余应力结果所对应的界面划分形式。

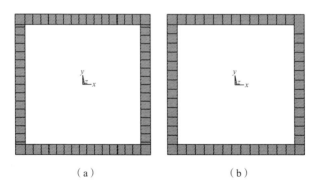

（a）　　　　　　　　　　　（b）

图 4.5　有限元法截面单元划分

进行有限元分析时，先采用力加载，打开自动时间步求解试件的极限承载力，然后切换为位移加载，打开弧长法以求解包含下降段的荷载－变形曲线。

4.3 数值分析结果与试验结果比较

4.3.1 极限承载力结果的比较

极限承载力是考察高强钢焊接箱形压弯构件性能的重要指标，影响其极限承载力的因素主要有构件的几何初始缺陷、焊接箱形截面构件的残余应力、材料特性。为了寻找能准确预测压弯构件极限承载力的计算方法，本书采用考虑了实测初始缺陷的数值积分法和有限单元法对试件的极限承载能力进行预测，并且分别采用不同的残余应力数值与不同的材料模型组合，其包括：①理想弹－塑性模型＋简化残余应力模型组合；②线性强化模型＋简化残余应力模型组合；③理想弹－塑性模型＋实测残余应力测试结果组合；④线性强化模型＋实测残余应力测试结果组合。材料模型如图 4.1 所示，简化残余应力分布如图 4.2 所示，实测残余应力参见文献［4.1］。

压弯构件极限承载力计算结果列于表 4.3，其中，有限元方法采用理想弹－塑性模型＋简化残余应力模型组合的计算结果标记为 A1，数值积分方法采用理想弹－塑性模型＋简化残余应力模型组合的计算结果标记为 A2，有限元方法采用线性强化模型＋简化残余应力模型组合的计算结果标记为 B1，数值积分法采用线性强化模型＋简化残余应力模型组合的计算结果标记为 B2，有限元方法采用理想弹－塑性模型＋实测残余应力测试结果组合的计算结果标记为 C，有限元方法采用线性强化模型＋实测残余应力测试结果组合的计算结果标记为 D。为了验证 6 种数值方法的准确性，将 6 组预测值分别与试验结果比较，其比值见表 4.3。

表 4.3 数值分析结果

试件编号	试验值 (kN)	A1 (kN)	A1/试验值	A2 (kN)	A2/试验值	B1 (kN)	B1/试验值	B2 (kN)	B2/试验值	C (kN)	C/试验值	D (kN)	D/试验值
B—8—80—X—1	598.5	594.3	0.99	613.7	1.03	625.9	1.05	628.4	1.05	610.0	1.02	639.9	1.07
B—8—80—X—2	598.0	579.9	0.97	609.2	1.02	628.3	1.07	615.9	1.07	620.4	1.04	619.3	1.04
B—8—80—X—3	599.0	583.9	0.97	619.9	1.03	630.9	1.07	613.3	1.07	617.6	1.03	627.2	1.05
B—12—55—X—1	1204.5	1292.2	1.07	1244.2	1.04	1356.3	1.09	1308.4	1.09	1260.6	1.05	1270.8	1.06
B—12—55—X—2	1264.5	1318.9	1.04	1244.5	0.98	1333.0	1.05	1322.9	1.05	1260.2	1.00	1300.1	1.03
B—18—35—X—1	2532.0	2516.5	0.99	2451.9	0.97	2699.8	1.07	2687.5	1.06	2420.7	0.96	2430.6	0.96
B—18—35—X—2	2393.0	2430.1	1.02	2434.9	1.02	2556.4	1.07	249.5	1.08	2410.7	1.01	2471.0	1.03
平均值	—	—	1.01	—	1.01	—	1.07	—	1.07	—	1.01	—	1.03
标准差	—	—	0.04	—	0.03	—	0.01	—	0.02	—	0.03	—	0.04

采用理想弹−塑性材料模型与简化残余应力模型组合计算的数值积分法所预测的压弯构件极限承载力与试验测得的极限承载力在不同长细比范围（35~80）均较为接近，其预测值平均大于试验值1%，方差为4%。有限单元法预测值与数值积分法结果非常接近，相差最大的为试件B−12−55−X−1，相差7%，其预测值平均大于试验值1%，方差为3%。另外，由线性强化材料模型＋简化残余应力模型组合计算的数值积分法与有限单元法计算结果比采用理想弹−塑性材料模型计算的结果有所偏大，但是其精度能够满足工程计算的要求。由C组和D组相同的实测残余应力结果与不同材料模型组合计算结果的对比可以看出，Q460高强钢焊接箱形截面压弯构件极限承载力计算采用理想弹−塑性材料模型的结果比采用线性强化模型计算的结果更准确且简便。由此可以认为考虑了初始缺陷的数值积分法与有限单元法均可以准确地预测Q460高强钢焊接箱形柱的极限承载力。

4.3.2　荷载−挠度曲线的比较

4.3.2.1　理想弹塑性材料模型、简化残余应力模型数值计算方法荷载−挠度曲线比较

试件的荷载−挠度曲线不仅包含极限承载力信息，而且显示了柱梁柱受压弯曲变形过程中刚度的变化和柱子屈曲后的受力性能。通过荷载−挠度曲线可以更为全面地考察试件的受压力学性能。为了进一步验证数值积分法与有限单元法的准确性，将采用相同理想弹塑性材料模型、简化残余应力模型的两种数值方法预测的荷载−挠度曲线与试验测得的曲线绘制于同一坐标系中进行比较，长细比为80、50和35的三种试件分别见图4.6至4.12。从图中可以看出，数值积分法所预测荷载−挠度曲线与试验测得曲线具有相同的形状和路径。虽然荷载−挠度曲线的加载段斜率对于初始缺陷非常敏感，但是通过采用准确测量的初始挠度与初

始偏心,考虑合理的残余应力分布模型,运用数值积分法仍然可以获得精确的近似解。采用数值积分逆算法计算,获得的试件整体失稳后卸载段的预测值也与试验结果吻合较好。考虑初始缺陷的有限元分析结果曲线与数值积分法曲线几乎重叠,因此可以认为这两种数值方法均可以准确地预测 Q460 高强钢焊接箱形构件的压弯构件力学行为。

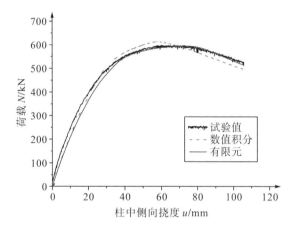

图 4.6 B-8-80-X-1 试件荷载-挠度曲线

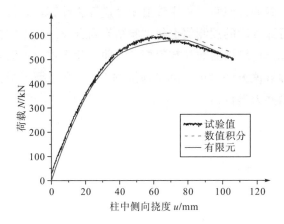

图 4.7　B－8－80－X－2 试件荷载－挠度曲线

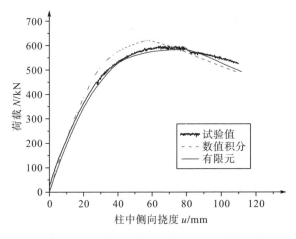

图 4.8　B－8－80－X－3 试件荷载－挠度曲线

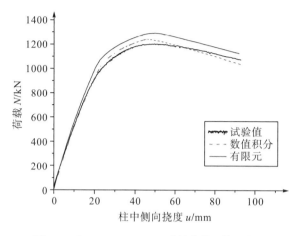

图 4.9　B−12−55−X−1 试件荷载−挠度曲线

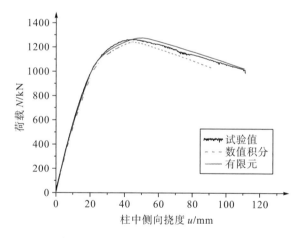

图 4.10　B−12−55−X−2 试件荷载−挠度曲线

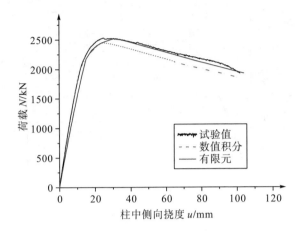

图4.11　B−18−35−X−1**试件荷载−挠度曲线**

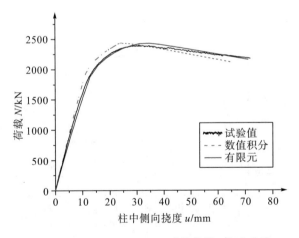

图4.12　B−18−35−X−2**试件荷载−挠度曲线**

4.3.2.2 线性强化材料模型、简化残余应力模型数值计算方法荷载−挠度曲线比较

为了进一步研究不同材料模型对压弯构件极限承载力数值分析的影响，数值积分法、有限元方法分别采用线性强化材料模型、简化残余应力模型组合，进行计算分析比较。首先，从表4.3 极限承载力计算结果可以看出，数值积分法与有限元方法基本一致，但是二者计算结果比试验值偏大，说明采用线性强化材料模型、简化残余应力模型数值计算方法的结果是压弯构件极限承载力的上限。其次，图 4.13、图 4.14 举例列出 B−8−80−X−1、B−12−55−X−2 荷载−挠度曲线，从图中可以看出计算荷载曲线与实际荷载曲线在弹性阶段基本保持一致；当构件进入弹−塑性阶段后，计算曲线与实际荷载曲线形状保持一致，但是数值略高于实际值，说明采用文献［4.4］残余应力模型与线性强化材料模型组合计算的结果会略高于实际值。

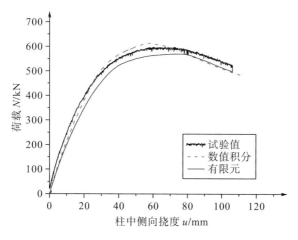

图 4.13 B−8−80−X−1 试件荷载−挠度曲线

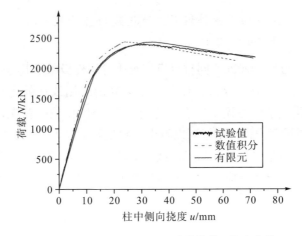

柱中侧向挠度 *u*/mm

图 4.14　B−12−55−X−2试件荷载−挠度曲线

4.3.2.3　理想弹塑性材料模型、线性强化材料模型分别与实测残余应力组合有限单元计算方法的荷载−挠度曲线比较

　　残余应力是影响压弯构件稳定破坏极限承载力最主要的初始缺陷，文献[4.4]提出了焊接箱形截面的 3 种简化残余应力模型，其与不同材料模型的计算结果已在上文中列出。本节采用实测残余应力结果与不同材料模型进行有限元方法计算，验证采用残余应力简化模型与实测数值之间的区别。图 4.15、图 4.16 举例列出 B−8−80−X−1、B−12−55−X−2 荷载−挠度曲线，从图中可以看出采用不同材料模型的计算荷载曲线与实际荷载曲线形状保持一致；采用理想弹塑性材料模型与实际值符合良好，采用线性强化材料模型数值略高于实际值，从表 4.3 极值分析可看出两者与实际值间的差别小于 5％，满足工程计算的要求。因此，说明采用文献［4.4］提出的残余应力模型进行数值计算是可行的。

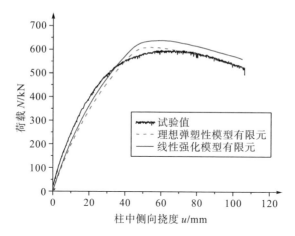

图 4.15 B-8-80-X-1**试件荷载-挠度曲线**

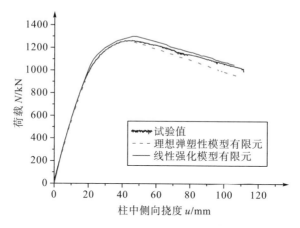

图 4.16 B-12-55-X-2**试件荷载-挠度曲线**

从上述分析中可以看到，考虑了残余应力、初始偏心、初始挠度的数值积分法与有限元法可以准确地预测 Q460 高强钢焊接箱形压弯构件的极限承载力，并能准确地预测试件从加载阶段到失稳后卸载阶段的弯曲变形值；采用理想弹塑性材料模型可以进行压弯构件的受力性能分析，并可以得到准确的预测结果；采用简化的残余应力分布模型进行箱形压弯构件的受力性能分析可以得到准确的预测结果。

4.3.3 数值模型验证

为了进一步验证上述数值模型的准确性，分别计算文献［4.1］［4.10］中 7 根 Q460 高强钢与 6 根 690MPa 高强钢焊接箱形截面受压构件的极限承载力。模拟文献［4.10］中的试件时，材料模型应采用三折线随动强化模型，具体数值取自文献实测值。几何初始缺陷采用模型的一阶特征值弯曲屈曲模态为初始几何形状，柱中最大挠度按实测值赋值。残余应力按文献实测值赋值。文献［4.1］试件模拟过程与本书所述相同，其具体数值取自文献［4.1］实测。从表 4.4 计算结果可以得到，采用本书介绍的数值模型计算的高强钢受压构件极限承载力与试验结果符合良好，能够用于进一步的参数分析。

表 4.4 数值模型验证

试件编号	P_u(kN)	NIM(kN)	FEM(kN)	P_u/NIM	P_u/FEM
B-8-70-1	1122.5	1104.7	1132.4	1.02	0.99
B-8-70-2	1473.5	1383.6	1398.1	1.06	1.05
B-8-70-3	1109.0	1292.5	1274.1	0.86	0.87
B-12-50-1	2591.0	2303.0	2266.8	1.13	1.14
B-12-50-2	2436.5	2359.5	2400.9	1.03	1.01
B-18-35-1	3774.0	4130.3	3964.2	0.91	0.95
B-18-35-2	4010.0	4127.1	4127.4	0.97	0.97

试件编号	P_u(kN)	NIM(kN)	FEM(kN)	P_u/NIM	P_u/FEM
B1150C	1174.0	1158.1	1138.1	1.01	1.03
B1150E	1137.0	1072.3	1038.9	1.06	1.09
B1950C	1078.0	957.9	950.5	1.13	1.13
B1950E	926.0	860.8	853.9	1.08	1.08
B3450C	469.0	482.2	470.2	0.97	1.00
B3450E	438.0	450.2	435.1	0.97	1.01
均值	—	—	—	1.02	1.03
方差	—	—	—	0.08	0.08

注：FEM 为 ANSYS 有限元方法计算结果，NIM 为 Matlab 数值积分法计算结果。

4.3.4 焊接箱形压弯构件参数分析

本节参数分析共计算了 6048 根压弯构件，主要分析参数包括：

（1）压弯构件长细比为 10~160，共 16 个不同的长细比。

（2）箱形截面板件宽厚比为 7.6，9.6，11.5，15，17.2，20。

（3）偏心距 e_0 为 0mm、5mm、10mm、20mm、30mm、40mm、50mm、60mm、70mm、80mm、90mm、100mm、200mm、300mm、400mm、500mm、600mm、700mm、800mm、900mm、1000mm。

（4）压弯构件沿 x 轴、y 轴方向弯曲，以及无残余应力情况下极限承载力。图 4.17 所示为箱形焊接截面图，考虑箱形截面角焊缝焊接位置，有焊缝边残余应力的分布与无焊缝边不同，即其截面残余应力在 x 轴、y 轴方向不同。文献［4.10］提出的残余应力分布如图 4.2 所示，所以压弯构件沿 x 轴或 y 轴弯曲，其极限承载力必将不同。

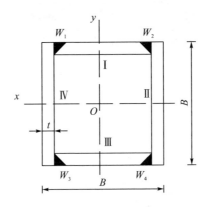

图 4.17   箱形焊接截面图

其中，模型的几何初始缺陷采用与李开禧[4.10]等计算钢压杆柱子曲线相同的假设，即 1/1000 柱长的初始弯曲。残余应力模型采用文献［4.4］提出的 Q460 高强钢焊接箱形截面简化残余应力分布模型。箱形残余应力分布的主要控制参数是箱形截面板件的宽厚比，为了得到上述 6 种宽厚比的残余应力分布，用二次多项式分别对 α 与 β 进行拟合，得到了 11mm 厚 Q460 高强钢焊接箱形截面残余应力比的计算式，其适用范围为 $7.6 \leqslant b/t \leqslant 20$，如图 4.18 与图 4.19 所示。

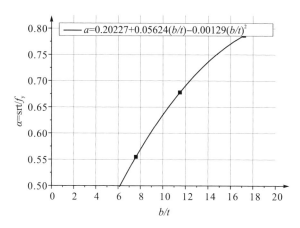

图 4.18　残余拉应力比 α 的拟合公式

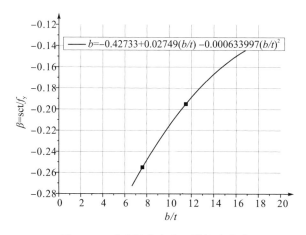

图 4.19　残余压应力比 β 的拟合公式

4.3.5　两种数值方法计算结果的比较

本节采用上文介绍的数值积分法与有限元法进行 Q460 高强钢焊接箱形截面压弯构件参数分析。为了能够直观清晰地进行分析，将两种计算结果转化为无量纲数值，以杆端弯矩 M 与

1.05$W_{1x}f_y$ 之比为 x 轴，其中 W_{1x} 为弯矩作用平面内对较大受压纤维的毛截面模量，以构件轴向极限承载力 N 和 N_p 之比为 y 轴，N_p 为柱截面完全受压情况下的屈服压力，即 $N_p = Af_y$，进行制图比较。具体结果如图 4.20 至图 4.31 所示。

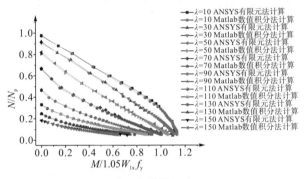

（a）奇数长细比

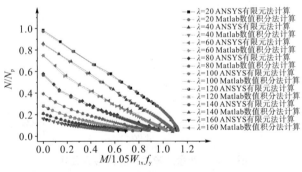

（b）偶数长细比

图 4.20　B−7.6 系列压弯构件沿 x 轴方向弯曲相关曲线

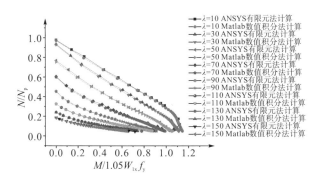

（a）奇数长细比

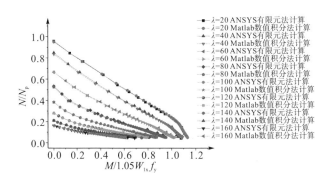

（b）偶数长细比

图 4.21　B—7.6 系列压弯构件沿 y 轴方向弯曲相关曲线

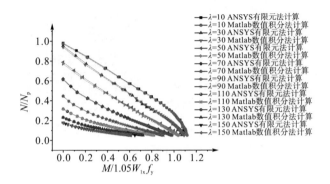

（a）奇数长细比

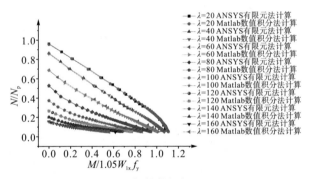

（b）偶数数长细比

图 4.22　B-9.6 系列压弯构件沿 x 轴方向弯曲相关曲线

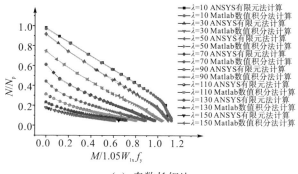

（a）奇数长细比

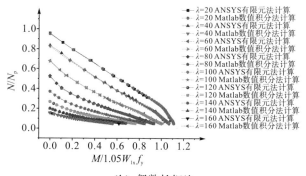

（b）偶数长细比

图 4.23　B—9.6 系列压弯构件沿 y 轴方向弯曲相关曲线

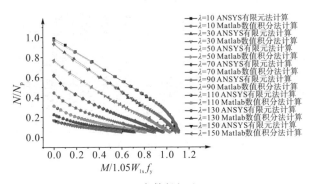

（a）奇数长细比

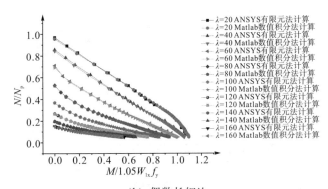

（b）偶数长细比

图 4.24 B—11.5 系列压弯构件沿 x 轴方向弯曲相关曲线

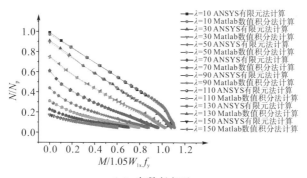

（a）奇数长细比

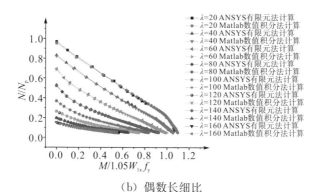

（b）偶数长细比

图 4.25　B−11.5 系列压弯构件沿 y 轴方向弯曲相关曲线

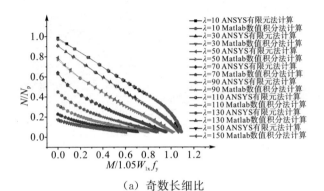

（a）奇数长细比

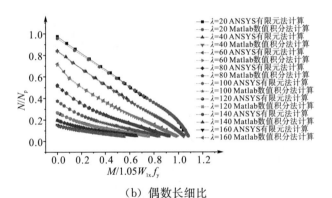

（b）偶数长细比

图 4.26　B—15 系列压弯构件沿 x 轴方向弯曲相关曲线

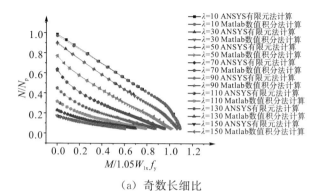

（a）奇数长细比

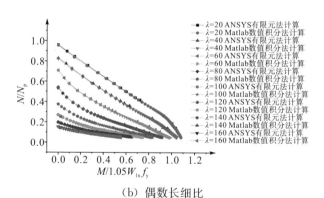

（b）偶数长细比

图 4.27 B—15 系列压弯构件沿 y 轴方向弯曲相关曲线

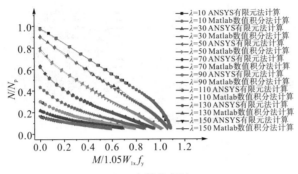

（a）奇数长细比

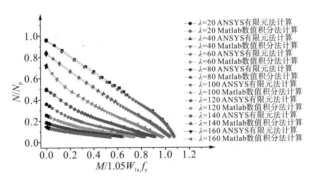

（b）偶数长细比

图 4.28　B—17.2 系列压弯构件沿 x 轴方向弯曲相关曲线

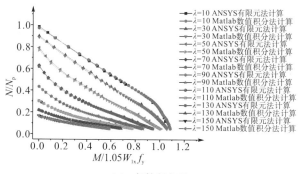

（a）奇数长细比

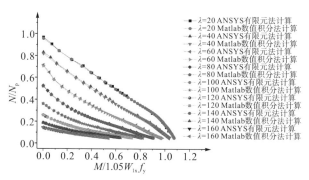

（b）偶数长细比

图 4.29　B-17.2 系列压弯构件沿 y 轴方向弯曲相关曲线

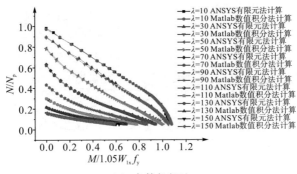

（a）奇数长细比

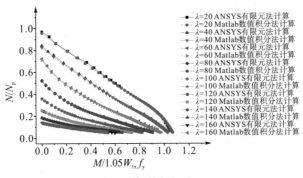

（b）偶数长细比

图 4.30 B—20 系列压弯构件沿 x 轴方向弯曲相关曲线

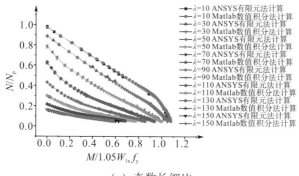

（a）奇数长细比

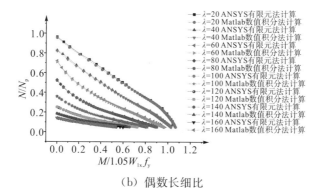

（b）偶数长细比

图 4.31　B—20 系列压弯构件沿 y 轴方向弯曲相关曲线

图 4.20 至图 4.31 相关曲线列出了 6048 根压弯构件的计算结果。从图中可以看出，采用数值积分法与有限单元法这两种方法得到的计算结果符合良好。为了更进一步比较两种数值计算方法模拟 Q460 高强钢焊接箱形压弯构件极限承载力的计算效果，以表 4.5 为例，列出长细比 $\lambda=50$，宽厚比为 15 的压弯构件的计算结果，并进行统计分析。从表 4.5 中可以看出，考虑相同初始缺陷的有限元方法与数值积分法所得的计算结果吻合较好，另外所有 6048 根构件两种计算方法分析结果相差均小于 3%。因此，下文参数分析中采用两种数值结果的较小值，并统称数值法计算

结果。

表 4.5　Q460 高强钢焊接箱形截面压弯构件计算承载力比较示例

e_0 (mm)	FEM (kN)	NIM (kN)	FEM/ NIM	e_0 (mm)	FEM (kN)	NIM (kN)	FEM/ NIM
0	3176.1	3096.5	1.03	100	1347.6	1329.4	1.01
5	2932.6	2882.6	1.02	200	902.93	891.15	1.01
10	2692.6	2639.4	1.02	300	680.07	670.45	1.01
20	2355.2	2356.7	1.00	400	541.80	533.81	1.01
30	2163.5	2140.2	1.01	500	448.53	442.99	1.01
40	1985.2	1964.6	1.01	600	383.45	378.45	1.01
50	1840.7	1815.0	1.01	700	335.25	330.25	1.02
60	1707.0	1687.7	1.01	800	298.00	293.00	1.02
70	1596.4	1579.1	1.01	900	269.32	263.32	1.02
80	1508.7	1484.9	1.02	1000	243.22	239.22	1.02
90	1419.4	1402.3	1.01	—	—	—	—

注：FEM 为 ANSYS 有限元方法计算结果，NIM 为 Matlab 数值积分法计算结果，FEM/NIM 为上述两种方法计算结果的比值。

4.3.6　弯曲方向及残余应力的影响

焊接箱形截面残余应力分布绕 x 轴与 y 轴均对称，然而残余应力在平行于 x 轴的 I/III 边与平行于 y 轴的 II/IV 边上的分布并不相同，因此绕 x 轴和 y 轴失稳时的承载是不同的，在参数分析时应加以区分，如图 4.2 与图 4.17 所示。以宽厚比 $b/t = 15$ 的 B−15 系列压弯构件为例，将数值法计算所得 Q460 高强钢焊接箱形压弯构件绕 x 轴弯曲极限承载力与绕 y 轴弯曲极限承载力进行比较，将其相关曲线列于图 4.32，在图中又列出了构件无残余应力时极限承载力的情况，以便考察残余应力对构件极限承载力的影响。

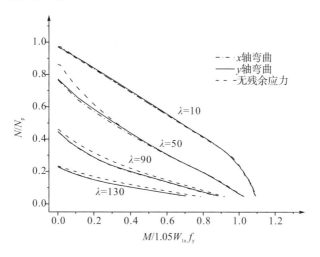

(a) $\lambda=10$，50，90，130 压弯构件相关曲线

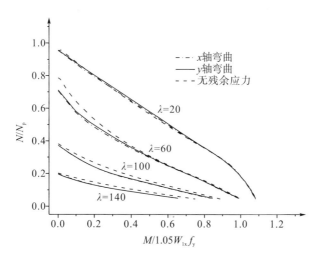

(b) $\lambda=20$，60，100，140 压弯构件相关曲线

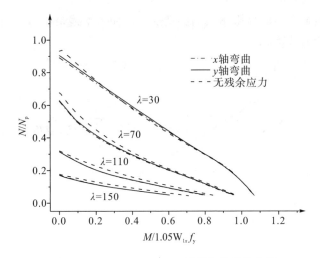

（c）λ＝30，70，110，150 压弯构件相关曲线

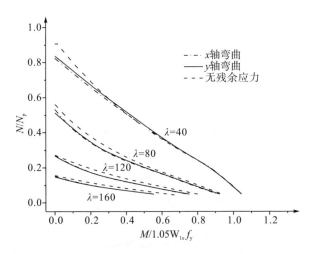

（d）λ＝40，80，120，160 压弯构件相关曲线

图 4.32　B—15 系列压弯构件相关曲线

从 4.32 图中可以看出，压弯构件弯曲方向及残余应力对构件极限承载力的影响随着构件长细比与偏心距的变化而变化。为

了便于量化比较弯曲方向及残余应力对压弯构件极限承载力的影响，定义残余应力相对差异为：

$$\Delta N\% = \frac{N_i - N_0}{N_0} \times 100\% \qquad (4.10)$$

式中：N_i 为沿 x 轴或 y 轴弯曲时压弯构件的极限承载力数值计算结果，N_0 为无残余应力压弯构件的极限承载力数值计算结果。

以残余应力相对差异为 y 轴，偏心距 e_0 为 x 轴作图，从图4.33 至图4.35 可以看出，随着长细比的变化，弯曲方向及残余应力的影响可以分为4种趋势。

趋势Ⅰ：长细比很小的短柱（当 λ 为10，20时），偏心距 e_0 在 [0mm，1300mm] 区域内，残余应力相对差异在 [−0.85%，0.93%] 内，即弯曲方向与残余应力对构件极限承载力的影响在1%内。此时压弯构件为强度破坏，当偏心距较小时，柱中截面无论残余应力受压区还是残余应力受拉区均受压屈服。随着偏心距增大，柱中截面出现受拉区，此时构件在达到极限承载力时受拉区受拉屈服，受压区受压屈服。因此，当构件长细比 $\lambda = 10$，20时，可忽略弯曲方向及残余应力对压弯构件极限承载力的影响。

趋势Ⅱ：如图4.33 所示，当长细比 $\lambda = 30$，40，50时，弯曲方向及残余应力对构件的承载力影响根据偏心距的不同分为3个区域：① 小偏心距 e_0 在 [0mm，50mm] 内，残余应力对构件的影响比较大。说明构件达到极限承载力时，柱中压弯截面均为压应力，由轴力 N 产生的压应力、弯曲产生的压应力、残余压应力叠加：$\left| \dfrac{N}{A} + \sigma_{rc} - E\Phi_y \right| \geq f_y$，截面残余压应力区全部屈服，残余拉应力区即截面四角仍处于弹性状态，有 $\left| \dfrac{N}{A} + \sigma_{rt} - E\Phi_y \right| < f_y$，残余应力起不利影响。② 中等偏心距 e_0 在 [50mm，200mm] 内，构件达到极限承载力时，柱中曲率较

大，压弯截面凸面产生拉应力，由轴力 N 产生的压应力、弯曲产生的拉应力、残余拉应力叠加：$\left| \dfrac{N}{A} + \sigma_{rc} + E\Phi_y \right| \leqslant f_y$ 未屈服，说明残余应力在此区域对构件极限承载力起有利影响。③大偏心距 e_0 在 [200mm，1300mm] 内，构件达到极限承载力时，柱中曲率很大，在压弯截面弯曲凸面区，由轴力 N 产生的压应力、弯曲产生的拉应力、残余压应力叠加：$\left| \dfrac{N}{A} + \sigma_{rc} + E\Phi_y \right| \geqslant f_y$，残余压应力区均受拉屈服；在压弯截面弯曲凹面区，由轴力 N 产生的压应力、弯曲产生的压应力、残余压应力叠加：$\left| \dfrac{N}{A} + \sigma_{rc} - E\Phi_y \right| \geqslant f_y$，残余压应力区均受压屈服，所以此时残余应力与弯曲方向对压弯构件极限承载力的影响可以忽略。

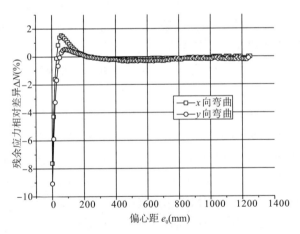

图 4.33　B-15-40-X 构件残余应力相对差异

趋势Ⅲ：如图 4.34 所示，大长细比（λ 为 60，70，80，90）总体来看，残余应力对构件起不利影响，但随着偏心距的不同而趋势不同。当偏心距 e_0 在 [0mm，20mm] 内时，残余应力的不利影响为 $-6.55\% \sim -8.67\%$，构件达到极限承载力时，柱中

压弯截面均受压，构件弯曲凹面由轴力 N 产生的压应力、弯曲产生的压应力、残余压应力叠加：$\left| \dfrac{N}{A} + \sigma_{rc} - E\Phi_y \right| \geqslant f_y$，受压残余应力区处于塑性状态。构件弯曲凸面由轴力 N 产生的压应力、弯曲产生的拉应力、残余压应力叠加 $\left| \dfrac{N}{A} + \sigma_{rc} + E\Phi_y \right| \leqslant f_y$，受压残余应力区处于弹性状态。凹侧从截面边缘开始屈服到塑性截面的进一步开展，残余压应力起不利影响。当偏心距 e_0 在 $[20mm，1200mm]$ 内时，残余应力的不利影响为 $-0.82\% \sim -6.55\%$，构件达到极限承载力时，柱中压弯截面出现拉应力区，柱中凹侧压弯截面中由轴力 N 产生的压应力、弯曲产生的压应力、残余压应力叠加：$\left| \dfrac{N}{A} + \sigma_{rc} - E\Phi_y \right| \geqslant f_y$，由轴力 N 产生的压应力、弯曲产生的拉应力、残余压应力叠加：$\dfrac{N}{A} + \sigma_{rc} + E\Phi_y \geqslant 0$，随着偏心率的增大，柱中凸面残余压应力区由部分受拉屈服到全部受拉屈服，在这一过程中残余压应力起有利影响，随着凸侧压应力区的逐渐受拉屈服，构件残余应力相对差异逐渐趋近于零。

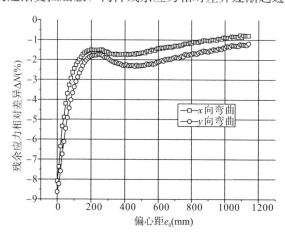

图 4.34　B-15-70-X 构件残余应力相对差异

趋势 Ⅳ：如图 4.35 所示，细长柱 λ 为 100～160，偏心距 $e_0 = 0$mm 时，构件为轴心受压杆，达到极限承载力时柱全截面趋于弹性状态，极限承载力无限接近欧拉临界力。在这种情况下，残余压应力比的大小所体现的差异几乎消失，柱子曲线也接近欧拉曲线。当偏心距 e_0 在（0，200] 内，构件达到极限承载力时，柱中弯曲凹面残余压应力区屈服，即轴力 N 产生的压应力、弯曲产生的压应力、残余压应力叠加：$\left| \dfrac{N}{A} + \sigma_{rc} - E\Phi_y \right| \geqslant f_y$，此时残余应力对构件极限承载力起不利影响。当 $e_0 > 200$mm，构件达到极限承载力时，柱中压弯截面出现拉应力，并且由轴力 N 产生的压应力、弯曲产生的拉应力、残余压应力叠加：$\dfrac{N}{A} + \sigma_{rc} + E\Phi_y \geqslant 0$，截面出现拉应力。此时残余应力对构件极限承载力所起不利影响减小，直至受压受拉区均屈服，残余应力的影响消失。

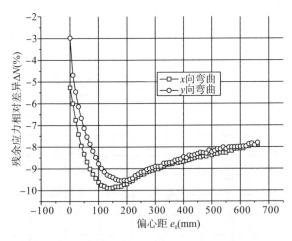

图 4.35　B-15-160-X 构件残余应力相对差异

4.3.7 宽厚比与长细比的影响

当焊接箱形截面的板厚一定时，残余压应力峰值与截面宽厚比成反比关系。因此，宽厚比参数的变化伴随着残余应力的变化。为了考察残余应力对极限承载力的影响，仅考虑初始弯曲的 $L_e/1000$ 半波曲线与具有代表性的截面组 B−9.6、B−15、B−20 绕 x 轴压弯时的相关曲线，如图 4.36 所示。

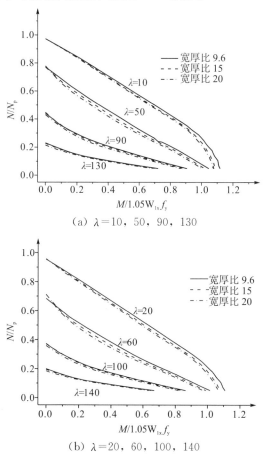

（a）$\lambda=10$，50，90，130

（b）$\lambda=20$，60，100，140

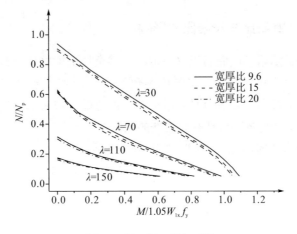

（c）λ＝30，70，110，150

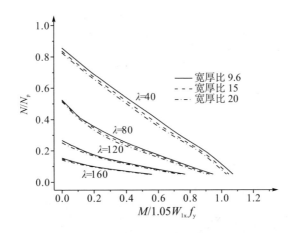

（d）λ＝40，80，120，160

图 4.36 不同宽厚比截面的相关曲线

从图中可以看出，压弯构件宽厚比对构件极限承载力的影响随着构件长细比与偏心距的变化而变化。为了便于量化比较相同厚度、不同宽厚比对压弯构件极限承载力的影响，定义承载力系数相对差异为：

$$\varphi = \frac{\varphi_{B-9.6} - \varphi_{B-20}}{\varphi_{B-9.6}} \times 100\% \qquad (4.11)$$

式中：$\varphi_{B-9.6} = \dfrac{N_{B-9.6}}{N_p}$，$\varphi_{B-20} = \dfrac{N_{B-20}}{N_p}$，$N_{B-9.6}$ 和 N_{B-20} 分别为宽厚比为 9.6 和 20 时压弯构件数值计算的极限承载力，$N_p = f_y A$。

压弯构件偏心率 $\varepsilon = e_0 A / W_{1x}$，通过数值计算得到偏心率 $\varepsilon = 0.2$，0.6，1，2，4，6，8，10，20，长细比 $\lambda = 10 \sim 160$ 构件的数值计算极限承载力，并求得其承载力系数相对差异，如图 4.37 至图 4.39 所示。

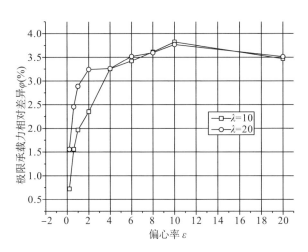

图 4.37　$\lambda = 10$，20 时极限承载力相对差异

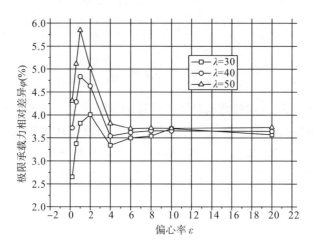

图 4.38 λ＝30，40，50 时极限承载力相对差异

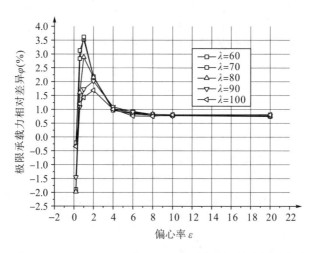

图 4.39 λ＝60，70，80，90，100 时极限承载力相对差异

经过计算可以得到，根据构件长细比与偏心率的不同，Q460 焊接箱形压弯构件的承载力系数相对差异变化分为 4 种趋势。

趋势Ⅰ：如图 4.37 所示，当 $\lambda = 10$，20，压弯构件偏心率 $\varepsilon \leqslant 0.2$ 时，柱中整个截面几乎全部受压屈服，此时残余应力对构件极限承载力的影响可以忽略，所以宽厚比的变化对构件极限承载力无影响。随着偏心率 ε 的增大，截面产生受拉应力，即构件轴向压应力、残余压应力与构件凸侧弯曲产生的拉应力叠加大于零，并且没有达到屈服（ $0 \leqslant \left| \dfrac{N}{Af_y} + \dfrac{\sigma_{rc}}{f_y} + \dfrac{E\varPhi_y}{f_y} \right| \leqslant 1$ ），说明此时构件凸面的受压残余压应力对构件起有利作用。上式第二项即受压残余应力比 β，在相同加载条件下，随着受压残余应力比 β 绝对值的增大，极限承载力提高，所以承载力系数相对差异为正。

趋势Ⅱ：如图 4.38 所示，当 $\lambda = 30 \sim 50$，偏心率 $\varepsilon \leqslant 0.2$ 时，构件达到极限承载力时残余压应力区域全部进入塑性，只有截面四角处残余拉应力区保持弹性。由残余应力自平衡可知，$\sigma_{rc} A_c / f_y + \sigma_{rt} A_t / f_y = 0$，则 $|\sigma_{rc}|$（ $|\sigma_{rc}| + \sigma_{rt}$）$= A_t / A$ 越大则弹性区域越大，有效惯性矩也越大，其中 A_t 为残余拉应力区面积，A 为截面整体面积。在材料屈服强度相同的情况下，这一规律表现为残余压应力比 β 越大，对极限承载力的削弱越小。随着偏心率（ $0.2 \leqslant \varepsilon \leqslant 6$）增大，截面凸面由于弯曲出现拉应力，此时凸面受压残余应力的有利影响显现，$1 \geqslant \left| \dfrac{N}{Af_y} + \dfrac{\sigma_{rc}}{f_y} + \dfrac{E\varPhi_y}{f_y} \right| > 0$，且受压残余应力比 β 绝对值越大则极限承载力越高。但是当偏心率增大到一定值时（ $\varepsilon \geqslant 6$），凸面受压残余应力部分受拉全部进入塑性，$\left| \dfrac{E\varPhi_y}{f_y} - \dfrac{\sigma_{rc}}{f_y} - \dfrac{N}{Af_y} \right| \geqslant 1$，此时受压残余应力的有利影响已全部耗尽，承载力相对差异开始下降。

趋势Ⅲ：如图 4.39 所示，当 $\lambda = 60 \sim 100$，偏心率 $\varepsilon \leqslant 0.2$ 时，构件凹面受压区轴力 N 产生的压应力与残余压应力以及凹

面弯曲产生的压应力不能使残余压应力区全部进入塑性，$\left| \dfrac{N}{Af_y} + \dfrac{\sigma_{rc}}{f_y} - \dfrac{E\Phi_y}{f_y} \right| \leqslant 1$，上式第二项即受压残余应力比 β，在相同加载条件下，随着受压残余应力比 β 绝对值的增大，极限承载力降低。但是随着偏心率的增大（$0.2 \leqslant \varepsilon \leqslant 6$），截面凸面由于弯曲出现拉应力，此时凸面受压残余应力的有利影响显现，即 $1 \geqslant \left| \dfrac{N}{Af_y} + \dfrac{\sigma_{rc}}{f_y} + \dfrac{E\Phi_y}{f_y} \right| > 0$，且受压残余应力比 β 绝对值越大则极限承载力越高。但是当偏心率增大到一定值时（$\varepsilon \geqslant 6$），凸面受压残余应力部分受拉全部进入塑性，$\left| \dfrac{N}{Af_y} + \dfrac{\sigma_{rc}}{f_y} + \dfrac{E\Phi_y}{f_y} \right| \geqslant 1$，此时受压残余应力的有利影响已全部耗尽，承载力相对差异开始下降。

趋势 Ⅳ：当 $\lambda = 110 \sim 160$ 时，压弯构件宽厚比对极限承载力的影响不是很大，承载力相对差异为 $-1.22\% \sim 2.57\%$。当偏心率 $\varepsilon \leqslant 0.2$ 时，构件凹面受压区轴力 N 产生的压应力与残余压应力以及凹面弯曲产生的压应力叠加，残余压应力区完全保持弹性，即 $0 \leqslant \left| \dfrac{N}{Af_y} + \dfrac{\sigma_{rc}}{f_y} - \dfrac{E\Phi_y}{f_y} \right| < 1$，残余应力比的大小所体现的差异几乎消失，因此承载力相对差异几乎为零。随着偏心率的增大，凸面受压残余应力区逐渐受拉，承载力相对差异略有提高。

4.3.8　影响箱形压弯构件极限承载力的参数分析规律

从上文对 Q460 高强钢焊接箱形截面极限承载力的参数分析可以得到，其极限承载力受到截面是否存在残余应力及残余应力分布形式的影响，但是其影响规律随着构件长细比和偏心距的变化而变化，具体表现为：①短柱（$\lambda = 10$，20）压弯构件破坏为截面强度破坏，可忽略弯曲方向及残余应力对压弯构件极限承载力的影响。②中等长度压弯构件（$\lambda = 30 \sim 90$）的极限承载力根据偏心距的不同而不同，当其主要是小偏心距时，压弯构件破坏时柱中截面均受压，部分焊接箱形截面残余应力受压区过早屈服，减少了构件的有效截面惯性矩而造成构件破坏。当其主要是中等偏心距和大偏心距时，构件破坏时截面产生受拉区与受压区，部分焊接箱形截面残余应力受压区延缓了受拉区材料的屈服，增大了构件的有效截面惯性矩，提升了构件的承载力，但是当偏心距非常大时，构件柱中截面均受拉受压屈服，残余应力影响消失。③长柱（$\lambda = 100 \sim 160$）压弯构件受力过程中二次效应较为突出，小偏心距时构件弹性失稳，残余应力基本无影响。中等偏心距箱形截面压残余应力加剧受压区屈服，使构件过早破坏。大偏心距时截面趋于受弯强度破坏，残余应力影响逐渐消失。此外，压弯构件沿 x 轴或 y 轴弯曲时，y 轴方向的弯曲总是最小值。

残余应力的分布形式由残余应力比 α、β 确定，截面宽厚比是控制 α、β 的主要变量，并且残余压应力比 β 在箱形截面分布区域要远远大于残余压应力比区域。根据有效弹性核理论，在相同长细比和偏心距时，最终影响构件极限承载力的因素是残余压应力比 β。当构件小长细比受压强度破坏或大长细比构件弹性失稳时，压残余应力比对构件极限承载力无影响。中等长细比构件残余压应力比越大，极限承载力降低越少。

4.4 实用设计公式建议

4.4.1 《钢结构设计标准》（GB 50017—2017）压弯构件整体稳定设计现状

根据《钢结构设计标准》（GB 50017—2017），弯矩作用在

117

对称轴平面内的实腹式压弯构件，其稳定性应按式（4.12）
计算：

$$\frac{N}{\varphi_x A} + \frac{\beta_{mx} M_x}{\gamma_x W_{1x}(1 - 0.8\frac{N}{N'_{EX}})} \leqslant f \qquad (4.12)$$

式中：N 为所计算构件端范围内的轴心压力；N'_{EX} 为参数，
$N'_{EX} = \frac{\pi^2 EA}{1.1\lambda_x^2}$；$\varphi_x$ 为弯矩作用平面内的轴心受压构件稳定系数；
M_x 为所计算构件段范围内的最大弯矩；W_{1x} 为在弯矩作用平面内
对较大受压纤维的毛截面模量；β_{mx} 为等效弯矩系数，本书研究
的压弯构件为等端弯矩荷载条件，取 $\beta_{mx} = 1$；γ_x 为截面塑性铰
发展系数，焊接箱形截面取 1.05。

4.4.2　参数分析结果与 GB 50017—2017 的比较

分别计算长细比 $\lambda = 10$，20，30，40，50，60，70，80，
90，100，110，120，130，140，150，160，偏心率 $\varepsilon = 0.2$，
0.6，0.8，1，2，4，6，8，10，20，宽厚比 $b/t = 20$ 时压弯构
件数值积分极限承载力，与式（4.12）进行对比。其中数值积分
极限承载力没有对截面的塑性区加以限制，因此部分数据应做调
整。调整方法如下：将压弯构件数值积分极限承载力 N_p^0 值除以
箱形截面塑性开展系数 1.05 得到正常使用情况下的 N_p'，若 N_p'
小于按边缘屈服 N_p，则认为 N_p^0 不必予以限制；若 N_p' 大于 N_p，
则应采用 1.05 N_p 代替 N_p^0。

从表 4.6 可以看出，所有的 N_p^0/N^0 比值均大于 1，并且当
$\lambda = 10 \sim 160$ 时，其均值均大于 1.10，所有比值的均值为 1.14。
这说明如果直接采用《钢结构设计标准》（GB 50017—2017）进
行 Q460 高强钢焊接箱形截面压弯构件的承载力设计，其结果会
偏于保守，实际承载力至少高于设计承载力 10%～16%。

表 4.6　与 GB 50017—2017 原公式比较

λ	$\overline{m}$	σ	min	ε_{min}	max	ε_{max}
10	1.10	0.0202	1.05	0.2	1.12	0.6
20	1.12	0.0200	1.08	0.2	1.15	1
30	1.13	0.0198	1.11	20	1.16	1
40	1.15	0.0219	1.11	20	1.17	2
50	1.16	0.0217	1.12	20	1.19	0.2
60	1.16	0.0344	1.11	20	1.23	0.2
70	1.16	0.0429	1.12	20	1.26	0.2
80	1.15	0.0453	1.11	20	1.26	0.2
90	1.15	0.0453	1.10	10	1.24	0.2
100	1.14	0.0417	1.10	20	1.23	0.2
110	1.14	0.0354	1.10	20	1.20	0.2
120	1.13	0.0299	1.09	20	1.18	0.2
130	1.12	0.0235	1.09	20	1.15	0.2
140	1.12	0.0165	1.10	20	1.14	0.2
150	1.12	0.0124	1.10	20	1.14	0.2
160	1.11	0.0107	1.10	20	1.13	1

注：λ 为长细比；$\overline{m}$ 为同一长细比压弯构件在规定偏心率条件下，数值计算承载力 N_p^0 与公式（4.12）计算承载力 N^0 比值的均值；σ 为上述比值的方差；min 为相同长细比压弯构件上述比值的最小值；ε_{min} 为上述比值的最小值所对应的偏心率；max 为相同长细比压弯构件上述比值的最大值；ε_{max} 为上述比值的最大值所对应的偏心率。

4.4.3　实用设计公式建议及其与参数分析结果比较

《钢结构设计标准》（GB 50017—2017）对于压弯构件面内

稳定性设计公式是建立在截面边缘屈服准则相关公式的基础上，通过引入初始缺陷，考虑截面塑性发展等因素，推导得到[4.9]：

$$\frac{N}{\varphi_x A} + \frac{M_x}{\gamma_x W_{1x}(1 - \varphi_x \frac{N}{N'_{EX}})} \leqslant f \qquad (4.13)$$

式（4.13）是从弹性理论推导而来，必然与弯矩沿杆长不变的压弯构件考虑塑性发展时的理论计算有差别，为了提高其精度，根据数值计算值对其做适当修正得到（4.12）式。但是根据 Q460 高强钢焊接箱形截面压弯构件极限承载力的参数分析结果，如果采用与（4.13）式同样的修正方法后，计算结果并不理想。根据文献［4.1］提出的结论，初始缺陷对 Q460 高强钢焊接箱形截面受压构件的影响减小，因此应提高箱形截面稳定系数由 c 类至 b 类。本书根据大量数值分析计算结果对比发现，不仅小偏心距受压构件由于初始缺陷影响减小而使承载力提高，而且大偏心距压弯构件由于材料强度提高，其受弯承载力也有明显提升，因此应对（4.13）式第二项做出相应修改，提出 Q460 高强钢焊接箱形截面压弯构件承载力建议公式，其为：

$$\frac{N}{\varphi_x A} + \frac{M_x}{\gamma_x W_{1x}(1 - 0.67 \frac{N}{N'_{EX}})} \leqslant f \qquad (4.14)$$

式中：φ_x 取 b 类构件稳定系数，其他符号含义同（4.13）式。采用 4.4.1 节同样参数的压弯构件，对公式（4.14）的设计计算效果进行分析。

表 4.7 与建议公式比较

λ	$\overline{m}$	σ	min	ε_{min}	max	ε_{max}
10	1.10	0.0204	1.05	0.2	1.12	1.0
20	1.10	0.0209	1.05	0.2	1.13	1.0
30	1.09	0.0197	1.04	0.2	1.11	2.0
40	1.09	0.0254	1.03	0.2	1.10	2.0
50	1.08	0.0341	1.03	0.2	1.11	4.0
60	1.07	0.0278	1.03	0.6	1.09	6.0
70	1.06	0.0212	1.02	1.0	1.08	6.0
80	1.06	0.0186	1.03	2.0	1.09	0.2
90	1.05	0.0193	1.03	2.0	1.10	0.2
100	1.05	0.0200	1.03	2.0	1.10	0.2
110	1.05	0.0176	1.03	2.0	1.09	0.2
120	1.05	0.0139	1.03	2.0	1.08	0.2
130	1.04	0.0113	1.03	2.0	1.07	0.2
140	1.04	0.0080	1.03	2.0	1.05	0.2
150	1.04	0.0054	1.03	4.0	1.05	0.2
160	1.04	0.0038	1.03	4.0	1.04	0.2

注：λ 为长细比；$\overline{m}$ 为同一长细比压弯构件在规定偏心率条件下，由数值计算承载力 N_p^0 与由公式（4.13）计算承载力 N^0 比值的均值；σ 为上述比值的方差；min 为相同长细比压弯构件上述比值的最小值；ε_{min} 为上述比值的最小值所对应的偏心率；max 为相同长细比压弯构件上述比值的最大值；ε_{max} 为上述比值的最大值所对应的偏心率。

从表 4.7 与建议公式比较中可以看出，所有的 N_p^0/N^0 比值均大于 1，并且当 $\lambda = 10 \sim 160$ 时，所有比值的均值为 1.06。这说明如果采用公式（4.14）进行 $Q460$ 高强钢焊接箱形截面压弯构件的承载力设计，其计算结果与实际构件承载力符合较好。

4.5 本章小结

（1）残余应力对 Q460 高强钢焊接箱形压弯构件极限承载力的影响随长细比与偏心率的变化而变化；无外伸翼缘的焊接箱形构件，绕垂直于焊接边的对称轴弯曲失稳时较为不利。

（2）宽厚比对 Q460 高强钢焊接箱形压弯构件极限承载力的影响随长细比与偏心率的变化而变化；在同等条件下，宽厚比越大，其对构件极限承载力的影响越小。

（3）本书对宽厚比 $b/t \leqslant 20$ 的 Q460 高强钢焊接箱形压弯构件极限承载力进行参数分析发现，如果直接采用《钢结构设计标准》（GB 50017—2017）相关条文对其进行设计，则计算结果会偏于保守。

（4）在已有《钢结构设计标准》（GB 50017—2017）的基础上，根据高强钢特性提出 Q460 高强钢焊接箱形压弯构件设计公式，经过分析对比可以得到本书提出的建议设计公式与实际构件承载力符合较好，并且能够满足工程精度和可靠安全的要求。

参考文献

[4.1] 王彦博. Q460 高强钢焊接截面柱极限承载力试验与理论研究 [D]. 上海：同济大学.

[4.2] 国家市场监督管理总局，中国国家标准化管理委员会. 钢及钢产品力学性能试验取样位置及试样制备：GB/T 2975—2018 [S]. 北京：中国质检出版社，2019.

[4.3] 国家市场监督管理总局，中国国家标准化管理委员会. 金属材料 拉伸试验 第 1 部分：室温试验方法，GB/T 228.1—2010 [S]. 北京：中国建筑工业出版社，2010.

[4.4] Yan-Bo Wang，Guo-Qiang Li，Su-Wen Chen. The assessment of residual stresses in welded high strength steel box sections [J]. Journal of Constructional Steel Research，2012 (76)：93−99.

[4.5] 蔡春声，王国周. 加载途径对钢压弯构件稳定极限承载力的影响 [J]. 建筑结构学报，1992，13 (3)：19−28.

[4.6] Zu-Yan Shen，Le-We Lu. Analysis of initially crooked，end restrained steel columns [J]. Journal of Constructional Steel Research，1983，3 (1)：10−18.

[4.7] 班慧勇. 高强度钢材轴心受压构件整体稳定性能与设计方法研究 [D]. 北京：清华大学，2012.

[4.8] 李开禧，光允徽，饶晓峰，等. 钢压杆的柱子曲线 [J]. 重庆建筑工程学院学报，1985 (1)：24−33.

[4.9] 沈祖炎. 压弯构件在弯矩作用平面内的稳定性计算 [J]. 钢结构，1991，12 (2)：39−45.

[4.10] Rasmussen K J R，Hancock G J. Tests of high strength steel columns [J]. Journal of Constructional Steel Research，1995，34 (1)：27−52.

5 焊接 H 形压弯构件试验研究

5.1 引 言

本章对翼板厚度为 21mm、腹板厚度为 11mm 的国产 Q460 高强钢焊接 H 形弱轴压弯构件进行了试验研究，并将试验结果与我国现行《钢结构设计标准》（GB 50017—2017）弯矩作用在对称轴平面内的实腹式压弯构件整体稳定性公式计算结果进行对比分析。为了确保试验结果的可靠性及实用价值，试件选材、焊接加工工艺及运输遵循与本书第 3 章相同的规范要求。

5.2 试验设计与制作

为研究 Q460 高强钢焊接 H 形弱轴压弯构件的受力性能，本次试验设计了 3 种长细比试件，其值分别为 35，55，80，柱子两端为铰接约束。试件截面形状如图 5.1 所示，其中 $W_1 \sim W_4$ 分别代表焊缝。试件腹板厚度均为 11mm，翼板厚度均为 21mm，长度均为 3m。试件弱轴设计长细比变化以不同的截面尺寸来实现，每种长细比各 2 个试件，共 6 个试件。为了排除局部屈曲对试件承载力的影响，试件截面宽厚比均满足《钢结构设计标准》（GB 50017—2017）板件局部稳定的要求。3 种截面的翼缘板自由外伸宽厚比分别为 3，5，7。

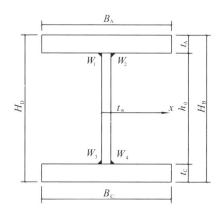

图 5.1　截面形状

　　试件以翼缘板自由外伸宽厚比、长细比冠以截面类型 H 命名。如试件 H－3－80－1，代表翼缘板自由外伸宽厚比为 3，长细比为 80 的 1 号 H 形压弯试件。残余应力试件编号以 R－H 加翼缘板自由外伸宽厚比命名。试件加工钢板采用火焰切割，并以匹配 Q460 等强度的高强焊丝 ER55－D2 焊接而成。焊接采用气体保护焊手工焊接，试件两端 500mm 全熔透焊接，试件其余部位为部分熔透焊接。焊接电流 190～195A，焊接电压 28～30V，平均焊接速度 2.3mm/s。试件制作过程中采用了优化的焊接工艺及焊接顺序，以减小试件的初始挠度变形。加工完毕后，又对柱子两端各 500mm 范围及端板焊接部位进行了火焰矫正，以减小初始挠度及调整两端端板至相互平行。试件制作完毕后实际测量尺寸列于表 5.1。

表 5.1　试件几何尺寸

试件编号	B_A (mm)	B_C (mm)	t_f (mm)	t_w (mm)	H_B (mm)	H_D (mm)	L (mm)	L_e (mm)	A (mm²)	I (cm⁴)	r (mm)	λ
H-3-80-1	153	156	211	11.4	169	173	3320	3000	7990	1300	40.3	82.3
H-3-80-2	153	154	212	11.6	174	169	3320	3000	7970	1280	40.1	82.8
H-5-55-1	227	227	212.5	11.5	247	245	3320	3000	12000	4130	58.7	56.5
H-5-55-2	228	227	213	11.5	244	249	3320	3000	12100	4170	58.8	56.5
H-7-40-1	310	312	211.5	11.5	249	323	3320	3000	16400	10600	80.4	41.3
H-7-40-2	308	310	210.5	11.6	316	320	3320	3000	16200	10300	79.7	41.6

注：B_A、B_C、t_w、H_B、H_D 的含义如图 5.1 所示；L 为试件柱的净长度；L_e 为有效长度，代表试件两端铰接转动接触面间的距离；A 为 H 形试件截面面积；I 为截面惯性矩；r 为回转半径；λ 为长细比。

5.3 试验方案设计

试验在 10000kN 液压压力机上进行，试件上、下端部分别采用半圆柱铰接支座与压力机连接。试件安装过程中将上、下支座调平对中，并使试件的上、下端板投影重合。试件安装完毕后先实施预加载，检查应变仪、位移计等监测设备的运行状况，判定位移计方向。各项准备工作检查无误后进行正式加载。加载系统竖向加载器最大推力为 10000kN，作动器行程范围为 ±300mm，具有等速试验力、等速位移、试验力保持、位移保持、多通道协调加载等多种控制模式。

本试验加载方式采用等速试验力与等速位移模式切换控制。预加载及承载力预测值的前 80% 采用等速荷载增量控制，以施加荷载为控制变量，即以 1kN/s 的增量匀速施加荷载。当试验荷载达到 80% 预测值后切换为等速位移增量控制，以轴向压缩位移为控制变量，其目的是防止试件的突然压曲，以及确保试验安全稳定地进行。当试件承载力下降到实测承载力的 60% 时，认为试件已经破坏，停止加载并进行卸载。

为了能够准确测量压弯构件整体失稳破坏过程中试件中部截面的应力、应变状态，在试件中部 $L/2$ 处布置了 13 片应变片。试件压弯面内 $3L/8$，$L/2$，$5L/8$ 处，各设置 1 个位移计，测量试件变形曲线、面内弯曲挠度。柱中部 $L/2$ 外方向设置 3 个位移计，用于测量试件面外扭转。试件端板与支座共设置 8 个位移计，分别用于监测柱子的轴向变形、端板的转动情况，以确保试验的正常进行，应变片与位移计布置如图 5.2 所示。

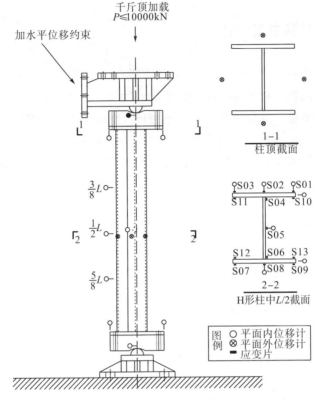

图 5.2　Q460 高强钢焊接 H 形截面压弯构件测点布置

5.4　初始缺陷

　　试件安装前对每个试件的初始偏心、初始挠度进行测量，测量结果作为初始缺陷用于计算分析。初始偏心由试件与端板的相对位置决定，如图 5.3 所示。

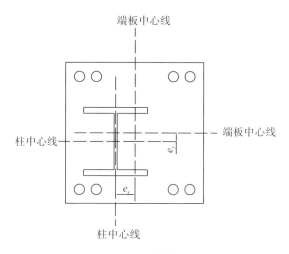

图 5.3　初始偏心

试件的初始几何缺陷包括初始偏心与初始挠度。压弯试件的初始偏心为端板中心与柱子中心线之间的距离，两条中心线的距离 e_x，e_y 即为初始偏心。测量结果见表 5.2。由于 $W_1 \sim W_4$ 焊缝施焊顺序各有先后，因此试件加工完毕后会产生初始挠度，通过拉线测量，其值见表 5.3。《钢结构设计标准》（GB 50017—2017）为确定柱子曲线，考虑构件初始弯曲为 $l/1000$，从表 5.2 的计算中可以看出，Q460 高强钢试件的初始挠度满足规范要求。

表 5.2　几何初始缺陷

试件编号	e_x （mm）	e_y （mm）	δ_x （mm）	δ_y （mm）	δ_x/L_e	δ_y/L_e	ε
H－3－80－1	46.0	0.62	2.1	1.0	0.000717	0.0003	2.42
H－3－80－2	43.3	0.25	0.5	1.5	0.000167	0.0005	2.31
H－5－55－1	48.3	2.95	1.4	0.8	0.000467	0.0003	1.73
H－5－55－2	46.3	0.62	1.6	1.6	0.00055	0.0005	1.65

试件编号	e_x (mm)	e_y (mm)	δ_x (mm)	δ_y (mm)	δ_x/L_e	δ_y/L_e	ε
H－7－40－1	47.3	0.75	0.5	1.2	0.000167	0.0004	1.16
H－7－40－2	46.1	2.63	2.0	1.2	0.000667	0.0004	1.15

注：δ_x、δ_y 分别为 x、y 方向初始挠度，e_x、e_y 分别为 x、y 方向初始偏心距，$\varepsilon = e_x A/W_x$ 为试件偏心率。

表 5.3　焊接 H 形截面残余应力比

试件编号	α_1	α_2	β_1	β_2
R－H－3	1.039	0.080	－0.408	－0.152
R－H－5	0.900	0.243	－0.271	－0.140
R－H－7	0.731	0.488	－0.195	－0.131

注：α_1、α_2 为残余拉应力比，β_1、β_2 为残余压应力比。

文献 [5.1] [5.2] 中采用了与本书试件相同的钢板，以同样工艺制作了 3 个相同尺寸的残余应力试件，进行了残余应力测试，并给出了箱形截面残余应力简化分布模型（图 5.4），初始缺陷数据用于随后的理论研究。由残余应力测试结果可以看出，在相同的材料强度、板厚、焊接工艺条件下，板件宽度越大，残余压应力绝对值越小。

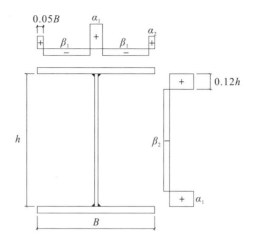

图5.4　构件简化残余应力模型

5.5　试验结果及分析

5.5.1　加载过程及破坏特征

以试件 H－3－80－1 为例，由于初始偏心的存在，一经加载试件的挠度即有微小的开展，并随荷载的增大线性增长。当接近极限荷载时挠度曲线的斜率逐渐减小。达到极限荷载的 70％ 左右时，可以观测到试件开始出现明显弯曲，但没有任何局部的凸曲，应变测量表明受压区钢材已经出现屈服。随着荷载的继续增大，挠度与受拉区应变增长加快，柱子弯曲程度急剧增加。当达到极限荷载时，试件的反力不再增加，但挠度与应变发展速度加快，与轴压构件比较[5.2]，压弯构件的塑性开展能力明显增强，与极限失稳理论吻合良好。

图 5.5 试件破坏模式所示为 3 种截面 6 根试件达到极限承载力时的破坏形态。从试件的破坏模式来看，在整体失稳前均没有

出现板的局部失稳现象，说明 GB 50017—2017 对于 Q460 高强钢 H 形截面翼缘的限定公式还是适用的。在 Q460 高强钢 H 形压弯构件承载力试验研究中，为了模拟理想的铰支座，制作了曲面铰支座。如图 5.6 所示为试件达到极限承载力状态时，上、下端铰支座的转动情况。从试件的荷载与柱中侧向挠度关系曲线中亦可看出，曲面铰支座的设计达到了理想的效果。

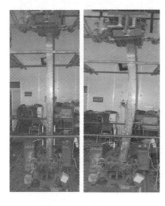

（a）H-3-80-1 加载前后

（b）H-3-80-2 加载前后

（c）H-5-55-1 加载前后

（d）H-5-55-2 加载前后

（e）H-7-40-1加载前后　　　（f）H-7-40-2加载前后

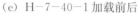

图5.5　试件破坏模式

（a）上端铰支座　　　　　　（b）下端铰支座

图5.6　曲面铰支座

5.5.2　荷载与位移关系

试验得到3种截面Q460压弯试件的荷载N与柱中面内挠度u关系曲线、荷载N与柱轴向位移Δ关系曲线、荷载N与柱中面外挠度u关系曲线，如图5.7所示。压弯构件轴力-柱中面内挠度关系曲线分为3个阶段：弹性阶段、弹塑性阶段和塑性阶段。当荷载较小时，荷载与挠度关系呈线性变化，试件处于弹性阶段。随着荷载进一步增大，试件中面内挠度增大速度明显加快，曲线呈现非线性，此阶段为弹塑性。此后，柱中面内挠度增大速度进一步加快，而荷载呈现降低趋势，此阶段为塑性。荷载与挠度的发展规律与长细比密切相关。长细比对压弯构件所受荷载与挠度发展的影响从图 5.7 中可以看出，试件的承载力随长细比 λ 的增大而减小，跨中挠度随 λ 的增大而加大，但各自的变化幅度不同。

此外，从荷载 N 与柱中面外挠度关系曲线可以看出，所有试件在达到极限承载力状态时，面外挠度均在 9~10mm 区间波动，说明试验过程中试件存在面外挠度，但是其数值非常小，试件的破坏形式属于面内压弯稳定破坏。

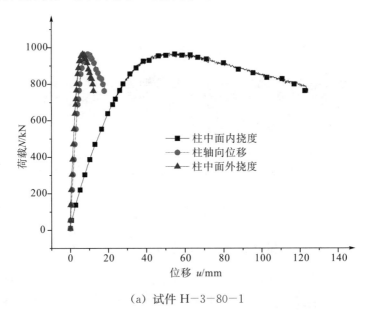

（a）试件 H−3−80−1

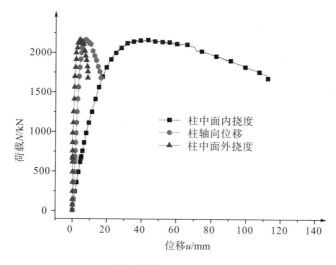

（b）试件 H-5-55-1

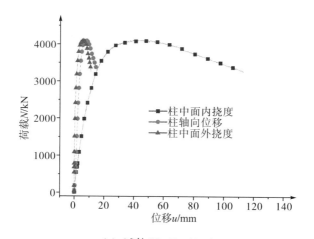

（c）试件 H-7-40-1

图 5.7　N 与 u 关系曲线

5.5.3　荷载与应变关系

试验过程中，在试件中截面处布置了 13 片应变片，测试试件的受压与受拉侧的纵向应变值，S01~S13 应变片布置位置如图 5.2 所示。以试件 H−3−80−1 为例，其 $N-\varepsilon$ 关系曲线如图 5.8 所示。试件从开始加载即呈现压弯状态，S01、S09、S10、S13 呈现受拉正应变，S03、S07、S011、S012 与 S02、S04、S05、S06、S08 呈现受压负应变，试件截面变形符合平截面假定，相同弯曲高度处应变重合。

图 5.9 所示为 H−3−80−1、H−5−55−1、H−7−40−1 柱中纵向最大拉、压应变比较。由于偏心距的影响，受压侧的纵向应变均大于受拉侧的应变。随着荷载的增加，弹性阶段拉、压应变均线性增长，达到极限承载状态，截面出现塑性区并且塑性不断开展，钢材塑性发展良好。

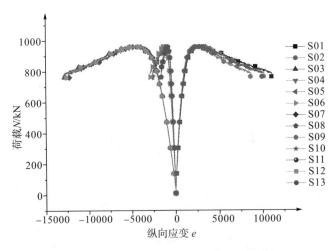

图 5.8　H−3−80−1 荷载 N 与应变 ε 关系曲线

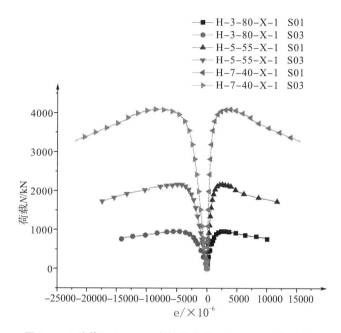

图 5.9 3 种截面 Q460 压弯柱的荷载 N 与应变 ε 关系曲线

5.5.4 试验结果与规范比较

根据《钢结构设计标准》（GB 50017—2017），弯矩作用在对称轴平面内的实腹式压弯构件，其稳定性应按式（3.1）计算。

为了便于试验结果与设计公式的比较，将试验结果转化为无量纲数值，作 $M/M_y \sim N/N_y$ 关系曲线图，其中 M 为压弯构件杆端弯矩，具体试验点结果为压弯构件极限承载力与初始偏心的乘积，$M=Ne$，初始偏心 e 的具体数值见表 5.2，M_y 为柱截面在纯弯情况下的屈服弯矩，即 $M_y=W_{1x}f_y$；N_y 为柱截面完全受压情况下的屈服压力，即 $N_y=Af_y$。H−3−80、H−5−55、H−7−40 这 3 种截面的板件宽厚比均小于 20，按照钢结构规范属于 b 类截面。因此，以 $f_y=464$MPa（压弯试件钢材材性试验

结果值）代入式（3.1），并绘制 λ 分别取 80，55，40，0 时，b
类焊接 H 形截面压弯构件的相关曲线，如图 5.10 所示。

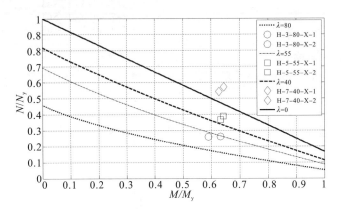

图 5.10　**压弯构件** $M/M_y - N/N_y$ **相关曲线**

从图 5.10 可以看出，所有试件的试验结果均高于 b 类截面
对应长细比压弯构件的相关曲线，说明如果采用目前设计公式计
算压弯构件，其结果偏于保守。另外，值得注意的是 2 个长细比
λ＝40 的压弯构件，其试验结果远远高于 λ＝40 的压弯构件设计
相关曲线，甚至高于 λ＝0 的压弯构件设计相关曲线，出现这种
现象的原因是压弯构件随着长细比的减小，残余应力对构件迹象
承载力的不利减小；对于短粗的杆（λ≤50），随着杆端弯矩的增
大，残余应力不利影响已减小，在 $0.25 \leqslant M/M_y \leqslant 0.80$ 的范围
内影响有利[5.3]。

5.6　本章小结

本章完成了 6 个名义屈服强度为 460MPa 的钢材焊接 H 形
截面压弯构件整体稳定性能试验研究，主要得到以下结论：

（1）Q460 高强钢焊接 H 形弱轴压弯构件试验结果明显高于

我国现行钢结构规范设计公式计算值。

（2）本章 Q460 高强钢焊接 H 形压弯构件试验结果为进一步数值计算模型验证、参数分析研究以及实用整体失稳极限承载力设计提供了依据。

参考文献

[5.1]　Yan-Bo Wang，Guo－Qiang Li，Su-Wen Chen. Residual stresses in welded flame-cut high strength steel H-sections [J]. Journal of Constructional Steel Research，2012，79：159－165.

[5.2]　Yan-Bo Wang，Guo-Qiang Li，Su-Wen Chen. Experimental and numerical study on the behavior of axially compressed high strength steel columns with H-section [J]. Engineering Structures，2012，43：149－159.

[5.3]　Ballio G，Mazzolani F M. Theory and Design of Steel Structures [M]. London：Chapman & Hall，1983.

6 焊接 H 形压弯构件的
参数分析与设计建议

6.1 引 言

为了在有限试验数据的基础上进一步研究 Q460 高强钢焊接 H 形截面压弯构件的设计方法，需要建立准确可靠的数值计算模型，针对影响压弯构件极限承载力的主要参数进行更为广泛的参数分析，以扩充试验数据。

本章首先采用数值积分法与有限单元法建立考虑了初始几何缺陷与残余应力的 Q460 高强钢焊接 H 形截面的数值计算模型。其次通过模拟前文 6 根压弯柱的极限承载力及失稳过程，并与试验结果进行比较，验证了数值计算模型的准确性。再次分别采用数值积分法与有限单元法对 Q460 高强钢焊接 H 形压弯构件的极限承载力进行了参数分析，比较了两种不同数值方法的计算结果，并分析了残余应力、构件截面宽厚比、长细比及偏心率等参数对构件极限承载力的影响。最后将参数分析结果与我国现行钢结构设计规范进行比较并提出设计建议。

6.2 数值模拟方法的建立

6.2.1 Q460 低合金高强钢材料性能与材料模型

文献［6.1］中对本试验所采用的同批次 21mm 厚高强钢板按照相关规范取样制备试件，并进行拉伸试验。对 6 根试件的钢材力学性能进行了测试，其试验结果见表 6.1，根据试验所得钢材的力学性能平均值见表 6.1 末行。

表 6.1 21mm 厚钢材力学性能

试件编号	E(GPa)	f_y(MPa)	f_u(MPa)	f_y/f_u	δ(%)
1	—	529.2	618.5	0.856	30.69
2	—	529.6	612.9	0.864	31.02
3	—	563.9	621.3	0.908	25.15
4	215.3	468.8	590.0	0.795	28.68
5	216.9	460.2	582.8	0.790	31.30
6	220.5	463.0	584.8	0.792	31.19
平均值	217.6	502.5	601.7	0.834	29.67

Q460 高强钢焊接 H 形截面采用 21mm 厚钢板为翼板，11mm 厚钢板为腹板，根据两种钢板的材性试验结果，建立理想弹塑性材料模型，数值积分法采用的钢材力学性能参数如图 6.1 和图 6.2 所示。

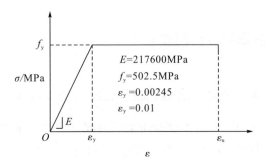

图 6.1　Q460 高强钢 21mm 厚钢板理想弹塑性应力—应变曲线

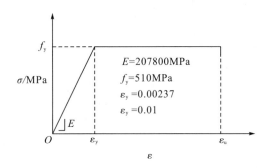

图 6.2　Q460 高强钢 11mm 厚钢板理想弹塑性应力—应变曲线

6.2.2　初始缺陷

对压弯构件稳定破坏极限承载力影响最大的初始缺陷包括初始弯曲和残余应力。初始偏心的影响和初始弯曲大体相同，常和后者合并在一起考虑。Q460 高强钢焊接 H 形截面压弯构件试验研究在试验前测量了所有试件的初始偏心与初始挠度，列于表5.2，本书在数值计算中按照实测值考虑了初始几何缺陷。

残余应力作为另一种类型的初始缺陷，与内力叠加后使部分截面提前屈服，导致整体失稳提前发生而降低了构件的极限承载力。文献［6.1］测试了与压弯构件对应的三个不同尺寸截面的残余应力分布，并给出了简化的残余应力分布模型，见图5.4与表5.3。

6.2.3 数值积分法

Q460 高强钢焊接 H 形压弯构件数值积分法的基本原理、计算过程与 4.2.4 节介绍的内容相同，在此不再累述。数值积分法单元截面的划分同样遵循计算精度要求与便利残余应力输入的原则，图 6.3 所示为试件 H−7−40−1 采用的截面划分形式。

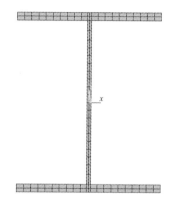

图 6.3 数值积分法截面单元划分

6.2.4 有限单元法

有限元分析使用通用有限元软件 ANSYS 实现。先将焊接 H 形截面采用 PLANE82 单元划分网格，存为自定义截面信息文件供后续梁单元读入，有限元法截面单元划分如图 6.4 所示。柱子采用 BEAM188 单元，沿长度方向划分为 40 个等长单元。采用 Mises 屈服准则，按照上文介绍的材料模型分别采用双线性理想弹塑性模型本构关系。几何初始缺陷按照表 5.2 所示实测初始偏心与初始弯曲之和，以对应的失稳模态形式写入初始模型。残余应力同样采用图 5.4 构件简化残余应力模型生成初始残余应力文件，在分析时截面每个单元上 4 个积分点从初始文件中读取相同的残余应力值，如图 6.5 所示。

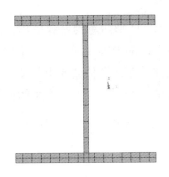

图 6.4　有限单元法截面单元划分

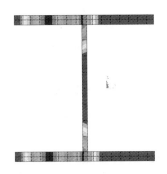

图 6.5　压弯构件破坏截面应力图

　　进行有限元分析时，先采用力加载，打开自动时间步求解试件的极限承载力；然后切换为位移加载，打开弧长法以求解包含下降段的荷载—变形曲线。图 6.6 为构件有限元计算模型，图 6.7 为构件达到极限承载力后的应力图。

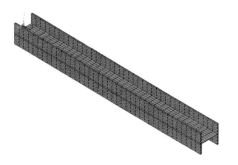

图 6.6 H 形截面构件有限元模型

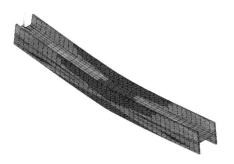

图 6.7 H 形截面构件破坏后应力图

6.3 数值分析结果与试验结果比较

6.3.1 极限承载力结果比较

以表 5.1 实际测量试件尺寸与图 6.1 及图 6.2 材性模型建立有限元模型,对 Q460 高强钢焊接箱形柱的承载力进行分析预测。分析模型采用 Mises 屈服准则和理想弹塑性模型,考虑试件的初始几何缺陷,其数值按照表 5.2 所示的实测值。将实际测量的残余应力值作为构件的初始应力,计算结果见表 6.2。将计算结果除以试验结果，其比值均较接近于 1，计算结果较为准确。通过计算结果与试验结果的比较可以看出，考虑了几何初始缺陷与残余应力的有限元分析可以较为准确地预测高强钢压弯柱的承载力。

表 6.2 数值分析结果

试件编号	试验值 (kN)	NIM (kN)	试验值/ NIM	FEM (kN)	试验值/ FEM
H－3－80－X－1	972	939	1.04	958	1.01
H－3－80－X－2	963	987	0.98	1080	0.89
H－5－55－X－1	2160	2308	0.94	2100	1.03
H－5－55－X－2	2040	2208	0.92	2150	0.95
H－7－35－X－1	4120	4200	0.98	4170	0.99
H－7－35－X－2	4340	4122	1.05	4020	1.08
平均值	—	—	0.98	—	0.99
标准差	—	—	0.0472	—	0.0598

注：FEM 为 ANSYS 有限元方法计算结果，NIM 为 Matlab 数值积分法计算结果。

6.3.2 荷载－挠度曲线的比较

试件的荷载－挠度曲线不仅包含极限承载力信息，而且显示了柱梁柱受压弯曲变形过程中刚度的变化和柱子屈曲后的受力性能。通过荷载－挠度曲线可以更为全面地考察试件的受压力学性能。为了进一步验证数值积分法与有限单元法的准确性，以H－3－80－X－1、H－5－55－X－1、H－7－35－X－1 试件为例，将采用两种数值方法预测试件的荷载－挠度曲线与试验测得的曲线绘制于同一图中进行比较，如图 6.8 至图 6.10 所示。

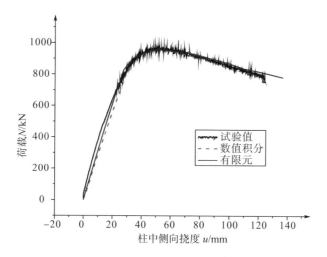

图 6.8 H−3−80−X−1 试件荷载−挠度曲线

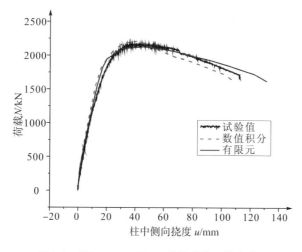

图 6.9 H−5−55−X−1 试件荷载−挠度曲线

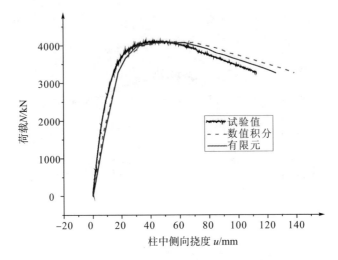

图 6.10　H−7−35−X−1**试件荷载−挠度曲线**

从上述分析中可以看到，考虑了残余应力、初始偏心、初始挠度的数值积分法与有限元法可以准确地预测 Q460 高强钢焊接 H 形压弯构件的极限承载力，并能准确地预测试件从加载阶段到失稳后卸载阶段的弯曲变形值。采用理想弹塑性材料模型可以进行压弯构件的受力性能分析，并可以得到准确的预测结果。采用简化的残余应力分布模型进行 H 形压弯构件的受力性能分析可以得到准确的预测结果。

6.4　焊接 H 形压弯构件参数分析

本节参数分析共计算了 2688 根压弯构件，分析的参数包括：

（1）压弯构件长细比为 10~160，共 16 个不同长细比。

（2）H 形截面翼板自由悬伸宽厚比为 3，5，7，9。

（3）偏心率 ε 为 0，0.2，0.4，0.6，0.8，1.0，2.0，3.0，4.0，5.0，6.0，8.0，10，20。

（4）压弯构件沿主轴（x 轴）、弱轴（y 轴）方向弯曲，以及无残余应力情况下的极限承载力。图 6.11 所示为 H 形截面构件焊接截面图，参数分析按照（2）中宽厚比的不同，定义 4 类截面，分别是 H—3、H—5、H—7 和 H—9，具体截面尺寸如表 6.3 所示。

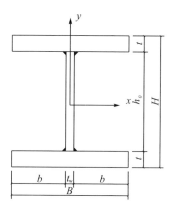

图 6.11　H 形截面构件焊接截面图

表 6.3　H 形截面构件参数分析

构件编号	B(mm)	t(mm)	t_w(mm)	h_0(mm)	H(mm)	I_x(cm⁴)	I_y(cm⁴)
H—3	155	21	11	130	174	3936	1305
H—5	225	21	11	205	247	12891	3989
H—7	310	21	11	275	317	30473	10430
H—9	390	21	11	430	472	90641	20766

模型的几何初始缺陷采用与李开禧[6.3]等计算钢压杆柱子曲线相同的假设，即 1/1000 柱长的初始弯曲。残余应力模型采用文献［6.2］提出的 Q460 高强钢焊接 H 形截面简化残余应力分布模型。H 形残余应力的分布主要控制参数是 H 形截面翼缘板件的宽厚比与腹板高厚比，为了得到上述 4 种宽厚比的残余应力

分布,用二次多项式分别对 α_1、α_1、β_1、β_2 进行拟合,得到翼板 21mm 厚、腹板 11mm 厚 Q460 高强钢焊接 H 形截面残余应力比的计算式,其适用范围为 $3 \leqslant b/t \leqslant 9$,如图 6.12 至图 6.15 所示。

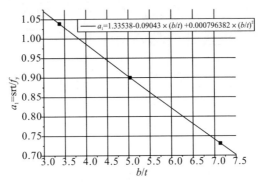

图 6.12　残余拉应力比 α_1 的拟合公式

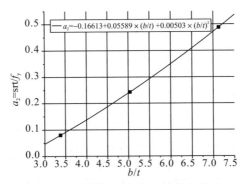

图 6.13　残余拉应力比 α_2 的拟合公式

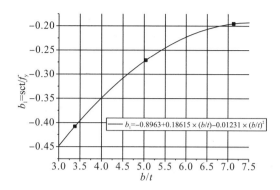

图 6.14 残余压应力比 β_1 的拟合公式

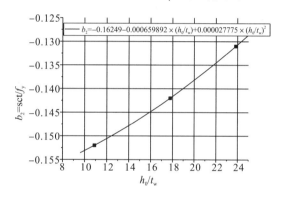

图 6.15 残余压应力比 β_2 的拟合公式

6.4.1 两种数值方法计算结果的比较

本节采用数值积分法与有限元法进行 Q460 高强钢焊接 H 形截面压弯构件参数分析。为了能够直观清晰地进行分析，将两种计算结果转化为无量纲数值。沿强轴压弯的压弯构件以杆端弯矩 M 与 $1.05W_{1x}f_y$ 之比为 x 轴，沿弱轴压弯曲的压弯构件以杆端弯矩 M 与 $1.2W_{1x}f_y$ 之比为 x 轴，其中 W_{1x} 为弯矩作用平面内对较大受压纤维的毛截面模量；以构件轴向极限承载力 N 和 N_p

之比为 y 轴，N_p 为柱截面完全受压情况下的屈服压力，即 $N_p = Af_y$，进行制图比较。具体结果如图 6.16 至图 6.23 所示。

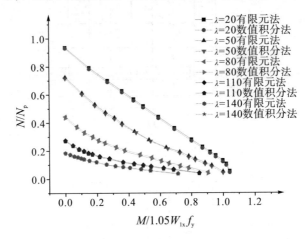

图 6.16　H-3 系列压弯构件沿主轴方向弯曲相关曲线

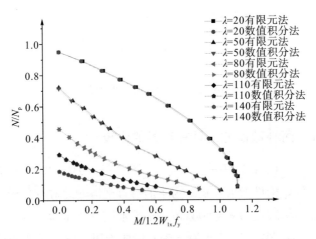

图 6.17　H-3 系列压弯构件沿弱轴方向弯曲相关曲线

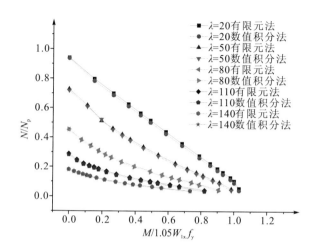

图 6.18 H−5 系列压弯构件沿主轴方向弯曲相关曲线

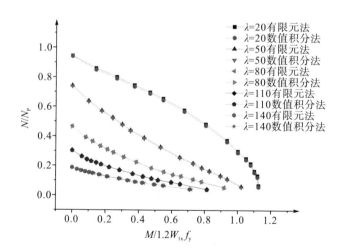

图 6.19 H−5 系列压弯构件沿弱轴方向弯曲相关曲线

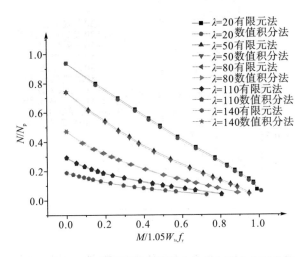

图 6.20 H−7 系列压弯构件沿主轴方向弯曲相关曲线

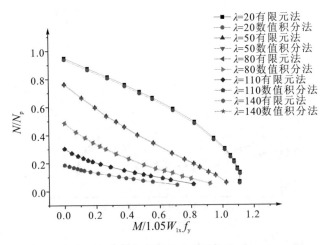

图 6.21 H−7 系列压弯构件沿弱轴方向弯曲相关曲线

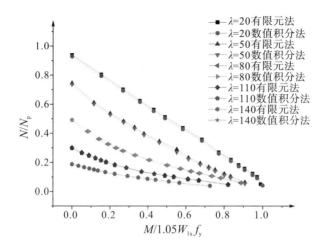

图 6.22　H－9 系列压弯构件沿主轴方向弯曲相关曲线

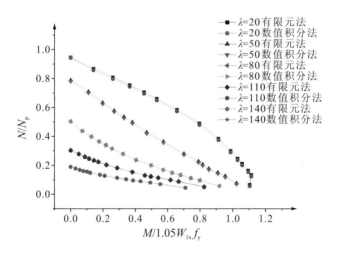

图 6.23　H－9 系列压弯构件沿弱轴方向弯曲相关曲线

　　图 6.16 至图 6.23 相关曲线列出了部分 Q460 高强钢焊接 H 形压弯构件的计算结果，从图中可以看出采用数值积分法与有限

元法得到的计算结果符合良好。为了进一步比较两种数值计算方法模拟 Q460 高强钢焊接 H 形压弯构件极限承载力的计算效果，以表 6.4 为例，列出长细比 $\lambda=50$、宽厚比为 7 的压弯构件的计算结果，并进行统计分析。从表 6.4 中可以看出，考虑相同初始缺陷的有限元法与数值积分法所得的计算结果吻合较好，另外所有 2688 根构件两种计算方法分析结果相差均小于 6%。因此，下文参数分析采用两种数值结果的较小值，并统称为数值法计算结果。

表 6.4　Q460 高强钢焊接 H 形截面压弯构件计算承载力比较示例

ε	0	0.2	0.4	0.6	0.8	1	2
FEM（kN）	641.89	537.86	471.79	415.72	379.01	340.32	294.01
NIM（kN）	640.16	529.20	463.12	407.06	370.35	331.65	285.34
FEM/NIM	1.0027	1.0164	1.0187	1.0213	1.0234	1.0261	1.0304
ε	3	4	5	6	8	10	20
FEM（kN）	245.46	194.00	161.30	138.25	121.17	96.91	80.74
NIM（kN）	236.80	185.34	152.64	129.58	112.51	88.25	76.41
FEM/NIM	1.0366	1.0467	1.0568	1.0669	1.0770	1.0982	1.0567

注：*FEM* 为 ANSYS 有限元法计算结果，*NIM* 为 Matlab 数值积分法计算结果，*FEM/NIM* 为上述两种方法计算结果的比值。

6.4.2　弯曲方向及残余应力的影响

本节对 H 形截面分别沿强轴（x 轴）、弱轴（y 轴）压弯构件进行参数分析。

焊接 H 形截面形状、残余应力分布均绕 x 轴和 y 轴对称，但是 H 形压弯构件沿 x 轴和 y 轴弯曲时其截面塑性开展深度是不同的，破坏时柱中截面应力分布也是有区别的，因此在参数分析时应加以区分。以自由悬伸板件宽厚比 $b/t=7$ 的 H−7 系列压弯构件为例，将数值法计算所得 Q460 高强钢焊接 H 形压弯构件绕 x 轴弯曲极限承载力与绕 y 轴弯曲极限承载力进行比较，将其相关曲线列于图 6.24 和图 6.25。在图中又列出了构件无残余应力时的极限承载力情况，以便考察残余应力对构件极限承载力的影响。

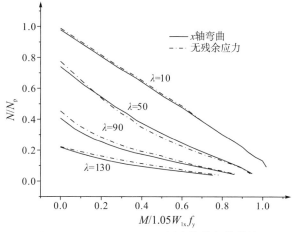

(a) $\lambda=10$，50，90，130 压弯构件相关曲线

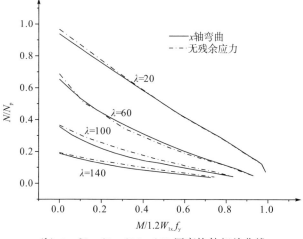

(b) $\lambda=20$，60，100，140 压弯构件相关曲线

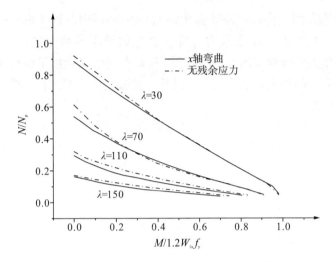

（c）λ＝30，70，110，150 压弯构件相关曲线

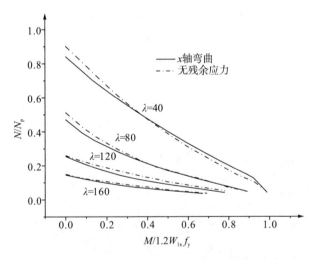

（d）λ＝40，80，120，160 压弯构件相关曲线

图 6.24 H－7 系列强轴（x 轴）压弯构件相关曲线

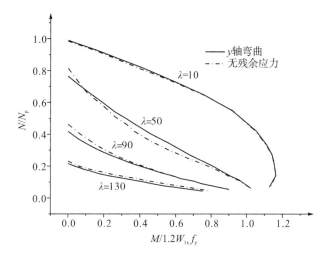

（a）λ＝10，50，90，130 压弯构件相关曲线

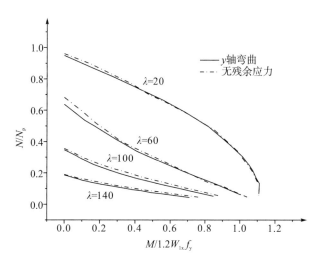

（b）λ＝20，60，100，140 压弯构件相关曲线

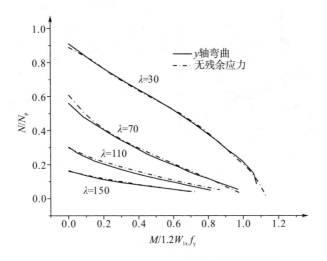

（c）λ＝30，70，110，150 压弯构件相关曲线

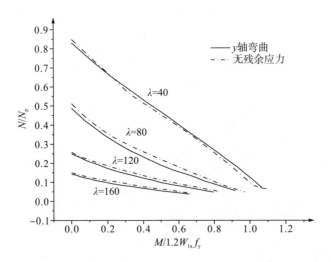

（d）λ＝40，80，120，160 压弯构件相关曲线

图 6.25　H－7 系列弱轴（y 轴）压弯构件相关曲线

从图 6.24 和图 6.25 中可以看出，压弯构件弯曲方向及残余应力对构件极限承载力的影响随着构件长细比与偏心距的变化而变化。为了便于量化比较弯曲方向及残余应力对压弯构件极限承载力的影响，定义残余应力相对差异为：

$$\Delta N\% = \frac{N_i - N_0}{N_0} \times 100\% \tag{6.1}$$

式中：N_i 为沿强轴或弱轴弯曲时压弯构件的极限承载力数值计算值，N_0 为无残余应力压弯构件的极限承载力数值计算值。以残余应力相对差异为 y 轴，偏心率 ε 为 x 轴作图，从图 6.24 和图 6.25 中可以看出，随着长细比的变化，弯曲方向及残余应力的影响可以分为 3 种趋势。

趋势Ⅰ：长细比很小的短柱（当 $\lambda = 10，20$ 时），偏心率 ε 在 [0，20] 区域内，残余应力相对差异在 [−1.25%，1.13%] 内，即弯曲方向与残余应力对构件极限承载力的影响在 2% 内。此时压弯构件为强度破坏，当偏心距较小时，柱中截面无论残余应力受压区还是残余应力受拉区均受压屈服。随着偏心距增大，柱中截面出现受拉区，此时构件在达到极限承载力时受拉区受拉屈服，受压区受压屈服。因此，当构件长细比 $\lambda = 10，20$ 时，可忽略弯曲方向及残余应力对压弯构件极限承载力的影响。

趋势Ⅱ：中等长细比的压弯构件（当 $\lambda = 30，40，50，60$ 时），弯曲方向及残余应力对构件的承载力影响根据偏心率的不同分为 3 个区域。以 $\lambda = 50$ 分别绕 x 轴、y 轴压弯的构件为例，如图 6.26 与图 6.27 所示：当偏心率 $\varepsilon \leqslant 0.2$ 时，压弯构件属于弹塑性极值失稳破坏，构件达到极限承载力时，柱中压弯截面均为压应力，由轴力 N 产生的压应力、弯曲产生的压应力、残余压应力叠加：$\left| \dfrac{N}{A} + \sigma_{rc} - E\Phi_y \right| \geqslant f_y$。

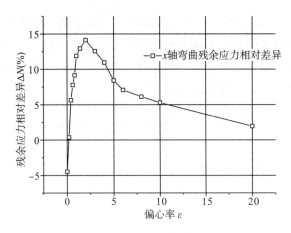

图 6.26 H－7－50－X **构件残余应力相对差异**

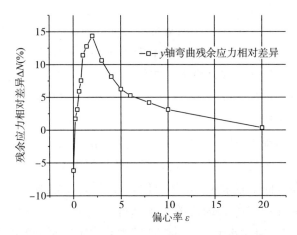

图 6.27 H－7－50－Y **构件残余应力相对差异**

截面残余压应力区全部屈服，残余拉应力区即截面四角与翼板、腹板连接处仍处于弹性状态，即 $\left|\dfrac{N}{A}+\sigma_{rt}-E\Phi_{y}\right|<f_{y}$，残余应力起不利影响。中等偏心率 ε 在 [0.2, 10] 内构件达到极限承载力时，柱中曲率较大，压弯截面凸面产生拉应力，由轴力 N 产

生的压应力、弯曲产生的拉应力、残余拉应力叠加：$\left|\dfrac{N}{A}+\sigma_{rc}+E\Phi_y\right|\leqslant f_y$ 未屈服，说明残余应力在此区域对构件极限承载力影响有利。大偏心率 $\varepsilon_0\geqslant 10$，构件达到极限承载力时，柱中曲率很大，压弯截面弯曲凸面区，由轴力 N 产生的压应力、弯曲产生的拉应力、残余压应力叠加：$\left|\dfrac{N}{A}+\sigma_{rc}+E\Phi_y\right|\geqslant f_y$，残余压应力区均受拉屈服。压弯截面弯曲凹面区，由轴力 N 产生的压应力、弯曲产生的压应力、残余压应力叠加：$\left|\dfrac{N}{A}+\sigma_{rc}-E\Phi_y\right|\geqslant f_y$，残余压应力区均受压屈服，所以此时残余应力与弯曲方向对压弯构件极限承载力的影响可以忽略。

趋势Ⅲ：如图 6.28 与图 6.29 所示，大长细比（$\lambda=70\sim 160$）时，总体来看残余应力对构件起不利影响，但偏心距不同趋势不同，总体分为两种趋势：小偏心率时，随着偏心率的减小，残余应力对构件极限承载力的影响减小；大偏心率时，构件趋于受弯强度破坏，因此残余应力的影响十分小，可以忽略。

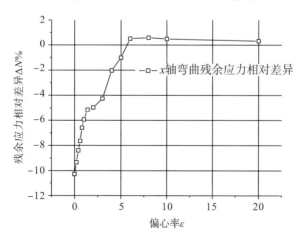

图 6.28 H−7−70−X 构件残余应力相对差异

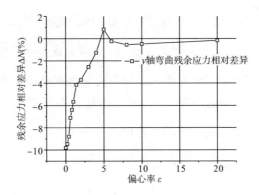

图 6.29 H-7-70-Y 构件残余应力相对差异

6.4.3 宽厚比与长细比的影响

由于焊接 H 形截面残余压应力峰值与截面宽厚比成反比关系，因此宽厚比参数的变化伴随着残余应力的变化。为了考察残余应力对极限承载力的影响，仅考虑初始弯曲的 $L_e/1000$ 半波曲线与具有代表性的截面组 H-3、H-7、H-9 绕 x 轴压弯时的相关曲线，如图 6.30 所示。

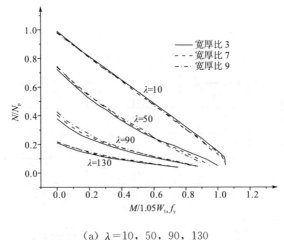

（a）$\lambda=10$，50，90，130

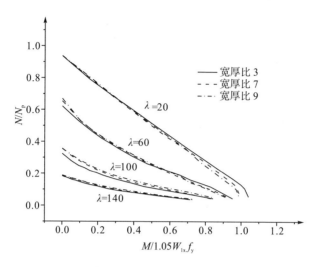

(b) $\lambda = 20$，60，100，140

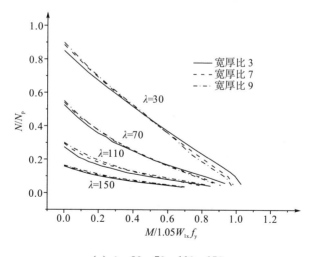

(c) $\lambda = 30$，70，110，150

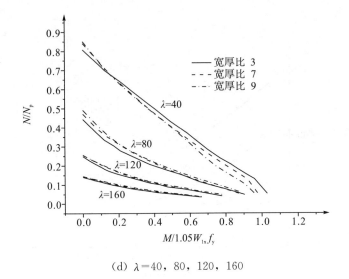

（d）$\lambda=40$，80，120，160

图 6.30　不同宽厚比截面的相关曲线

　　从图中可以看出，压弯构件宽厚比对构件极限承载力的影响随着构件长细比与偏心距的变化而变化。为了便于量化比较相同厚度、不同宽厚比对压弯构件极限承载力的影响，定义承载力系数相对差异为：

$$\varphi = \frac{\varphi_{H-3} - \varphi_{H-9}}{\varphi_{H-3}} \times 100\% \tag{6.2}$$

式中：$\varphi_{H-3} = \dfrac{N_{H-3}}{N_p}$，$\varphi_{H-9} = \dfrac{N_{H-9}}{N_p}$。$N_{H-3}$、$N_{H-9}$ 分别是宽厚比为 3 和 9 时压弯构件数值计算的极限承载力，$N_p = f_y A$。压弯构件偏心率 $\varepsilon = e_0 A / W_{1x}$，通过数值计算得到偏心率 $\varepsilon = 0.2$，0.6，1，2，4，6，8，10，20，长细比 $\lambda = 10 \sim 160$ 时构件的数值计算极限承载力，并求得其承载力系数相对差异，如图 6.31 和图 6.32 所示。

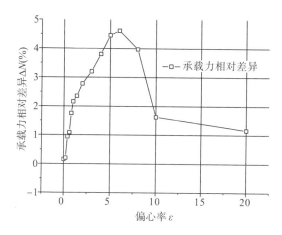

图 6.31　$\lambda=10$，20 时承载力相对差异

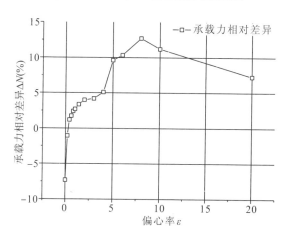

图 6.32　$\lambda=30$，40，60 时承载力相对差异

经过计算可以得到，根据构件长细比与偏心率，Q460 焊接 H 形压弯构件的承载力系数相对差异变化分为 3 种趋势。

趋势Ⅰ：如图 6.31 所示，当 $\lambda=10$，20 时，压弯构件偏心率 $\varepsilon \leqslant 0.2$ 时柱中整个截面几乎全部受压屈服，此时残余应力对构件极限承载力的影响可以忽略，所以宽厚比的变化对构件极限

承载力无影响。随着偏心率 ε 的增大，截面产生受拉应力，即构件轴向压力、残余压应力与构件凸侧弯曲产生的拉应力叠加大于零，并且没有达到屈服 $\left[0 \leqslant \left|\dfrac{N}{Af_y} + \dfrac{\sigma_{rc}}{f_y} + \dfrac{E\Phi_y}{f_y}\right| \leqslant 1\right]$，说明此时构件凸面的受压残余压应力对构件起有利作用。上式第二项即受压残余应力比 β，在相同加载条件下，随着受压残余应力比 β 绝对值的增大，极限承载力提高，所以承载力系数相对差异为正。

趋势 II：如图 6.32 所示，当 $\lambda = 30 \sim 60$，偏心率 $\varepsilon \leqslant 0.2$ 时，构件达到极限承载力时残余压应力区域全部进入塑性，只有截面残余拉应力区部分保持弹性，由残余应力自平衡可知，$\sigma_{rc}A_c/f_y + \sigma_{rt}A_t/f_y = 0$，则 $|\sigma_{rc}| \big/ (|\sigma_{rc}| + \sigma_{rt}) = A_t/A$ 越大则弹性区域越大，有效惯性矩也越大，其中 A_t 为残余拉应力区面积，A 为截面整体面积。在材料屈服强度相同的情况下，这一规律表现为残余压应力比 β 越大，对极限承载力的削弱越小。随着偏心率（$0.2 \leqslant \varepsilon \leqslant 6$）增大，截面凸面由于弯曲出现拉应力，此时凸面受压残余应力的有利影响显现，即 $1 \geqslant \left|\dfrac{N}{Af_y} + \dfrac{\sigma_{rc}}{f_y} + \dfrac{E\Phi_y}{f_y}\right| > 0$，且受压残余应力比 β 绝对值越大则极限承载力越高。但是当偏心率增大到一定值（$\varepsilon \geqslant 6$）时，凸面受压残余应力部分受拉全部进入塑性：$\left|\dfrac{E\Phi_y}{f_y} - \dfrac{\sigma_{rc}}{f_y} - \dfrac{N}{Af_y}\right| \geqslant 1$，此时受压残余应力的有利影响已全部耗尽，承载力相对差异开始下降。

趋势 III：大长细比（$\lambda = 70 \sim 160$）时，总体来看残余应力对构件起不利影响，但随着偏心距的改变，总体分为两种趋势：小偏心率时，随着偏心率的减小，残余应力对构件极限承载力的影响减小；大偏心率时，构件趋于受弯强度破坏，因此残余应力的影响十分小，可以忽略。

6.5　实用设计公式建议

6.5.1　《钢结构设计标准》（GB 50017—2017）压弯构件整体稳定设计现状

根据 GB 50017—2017，对于弯矩作用在对称轴平面内的实腹式 H 形压弯构件，其稳定性应按式（6.3）计算：

$$\frac{N}{\varphi_x A} + \frac{\beta_{mx} M_x}{\gamma_x W_{1x} (1 - 0.8 \frac{N}{N'_{EX}})} \leqslant f \qquad (6.3)$$

式中：φ_x 应取 b 类截面稳定系数；γ_x 为塑性发展系数，强轴压弯应取值 1.05，弱轴压弯应取值 1.2；等效弯矩系数 β_{mx} 为 1。

为了检验式（6.3）是否仍适用于翼缘自由悬伸宽厚比 $b/t \leqslant 13\sqrt{235/f_y}$ 的 Q460 高强钢焊接 H 形截面强轴与弱轴压弯构件的设计计算，考虑长细比 $\lambda = 10 \sim 160$ 共 16 种情况，偏心率 $\varepsilon = 0.2$，0.6，0.8，1，2，3，4，5，6，8，10，20，宽厚比 $b/t = 3$ 时，强轴与弱轴压弯构件数值计算极限承载力与上式（6.3）计算结果进行对比。其中，数值积分极限承载力没有对截面的塑性发展加以限制，因此部分数据应做调整。调整方法如下：将压弯构件数值计算极限承载 N_p^0 值除以 H 形截面塑性开展系数 1.2，得到正常使用情况下的 N'_p，若 N'_p 小于按边缘屈服计算的 N_p，则认为 N_p^0 不必予以限制；如果 N'_p 大于 N_p，则应采用 $1.2N_p$ 代替 N_p^0。

从表 6.5 可以看出，所有的 N_p^0/N^0 比值均大于 1，并且当 $\lambda = 10 \sim 160$ 时，其均值均大于 1.03，所有比值的均值为 1.09。这说明如果直接采用《钢结构设计标准》（GB 50017—2017）进行 Q460 高强钢焊接 H 形截面压弯构件的承载力设计，其结果会偏于保守，其实际承载力至少应高于设计承载力5%～21%。

表6.5　强轴压弯与GB 50017—2017公式比较

λ	$\overline{m}$	σ	min	ε_{min}	max	ε_{max}
10	1.10	0.0507	1.02	0.2	1.16	8
20	1.09	0.0494	1.01	0.2	1.15	10
30	1.07	0.0540	1.01	0.2	1.13	10
40	1.21	0.1262	1.05	0.2	1.45	10
50	1.05	0.0298	1.03	0.2	1.10	10
60	1.07	0.0571	1.04	0.2	1.17	8
70	1.09	0.0800	1.04	0.2	1.30	20
80	1.05	0.0300	1.00	1	1.09	4
90	1.04	0.0185	1.01	0.2	1.06	10
100	1.04	0.0158	1.01	4	1.07	20
110	1.03	0.0222	1.01	0.8	1.05	0.2
120	1.12	0.0212	1.07	20	1.13	0.2
130	1.12	0.0196	1.07	20	1.13	0.2
140	1.13	0.0229	1.08	20	1.14	0.2
150	1.12	0.0196	1.08	20	1.35	0.6
160	1.13	0.0264	1.10	20	1.15	1

注：λ为长细比；$\overline{m}$为同一长细比压弯构件在规定偏心率条件下，由数值计算承载力N_p^0与由式（6.1）计算承载力N^0比值的均值；σ为上述比值的方差；min为相同长细比压弯构件上述比值的最小值；ε_{min}为上述比值的最小值所对应的偏心率；max为相同长细比压弯构件上述比值的最大值；ε_{max}为上述比值的最大值所对应的偏心率。

从表6.6可以看出，所有的N_p^0/N^0比值均大于1，并且当$\lambda=10\sim160$时，其均值均大于1.11，所有比值的均值为1.21。

这说明如果直接采用《钢结构设计标准》（GB 50017—2017）进行 Q460 高强钢焊接 H 形截面压弯构件的承载力设计，其结果会偏于保守，其实际承载力至少应高于设计承载力 11％～38％。

表 6.6 弱轴压弯与 GB 50017—2017 公式比较

λ	$\overline{m}$	σ	min	ε_{min}	max	ε_{max}
10	1.38	0.1658	1.11	0.2	1.54	3.0
20	1.32	0.1328	1.11	0.2	1.41	10.0
30	1.49	0.3087	1.08	0.2	1.94	10.0
40	1.35	0.1907	1.08	0.2	1.65	10.0
50	1.16	0.0881	1.05	0.2	1.33	10.0
60	1.17	0.1048	1.05	0.2	1.37	8.0
70	1.18	0.1033	1.07	0.2	1.39	10.0
80	1.19	0.1252	1.08	0.2	1.39	10.0
90	1.18	0.0665	1.12	0.2	1.34	10.0
100	1.18	0.0601	1.08	0.6	1.29	10.0
110	1.17	0.0578	1.13	0.2	1.24	0.2
120	1.17	0.0434	1.13	0.2	1.27	20.0
130	1.11	0.0135	1.08	20.0	1.13	8.0
140	1.13	0.0159	1.10	10.0	1.13	3.0
150	1.11	0.0146	1.09	10.0	1.12	1.0
160	1.11	0.0198	1.06	8.0	1.12	1.0

注：表中符号含义同表 6.5。

6.5.2 实用设计公式建议及其与参数分析结果比较

《钢结构设计标准》（GB 50017—2017）对于压弯构件面内

稳定性设计公式是建立在截面边缘屈服准则相关公式的基础上，通过引入初始缺陷，考虑截面塑性发展等因素，推导得到[6.4]：

$$\frac{N}{\varphi_{x}A} + \frac{M_{x}}{\gamma_{x}W_{1x}(1 - \varphi_{x}\dfrac{N}{N'_{EX}})} \leqslant f \qquad (6.4)$$

式（6.4）是从弹性理论推导而来的，必然与弯矩沿杆长不变的压弯构件考虑塑性发展时的理论计算有差别，为了提高其精度，根据数值计算值对其做适当修正得到式（6.3）。但是根据 Q460 高强钢焊接 H 形截面压弯构件极限承载力的参数分析结果，如果采用与（6.3）式同样的修正方法后，计算结果并不理想。根据文献［6.1］提出的结论，建议 Q460 高强钢焊接 H 形截面轴心受压构件仍采用 b 类截面稳定系数。本书根据大量数值分析计算结果对比发现，对于大偏心压弯构件由于材料强度提高，其受弯承载力有明显提升，尤其 H 形弱轴压弯构件在偏心率较大时其极限承载力提高较多。因此为了设计的方便与统一性，应对式（6.4）第二项做出相对修改，提出 Q460 高强钢焊接 H 形截面压弯构件承载力建议公式，其为：

$$\frac{N}{\varphi_{x}A} + \frac{M_{x}}{\gamma_{x}W_{1x}(1 - 0.67\dfrac{N}{N'_{EX}})} \leqslant f \qquad （6.5）$$

式中：φ_{x} 取 b 类截面稳定系数，其他符号含义同式（6.3）。采用 6.5.1 节同样参数的压弯构件，对式（6.5）的设计计算效果进行分析。

从表 6.7 与表 6.8 比较可以看出，H 形截面压弯构件强轴与弱轴所有 N_{p}^{0}/N^{0} 比值均大于 1，并且当 $\lambda = 10\sim160$ 时，所有比值的均值为 1.05 与 1.17。根据文献［6.4］计算，对于普通钢 Q235 压弯构件，由数值计算承载力与由式（6.5）计算结果 N_{p}^{0}/N^{0} 比值的均值约为 1.07，说明如果采用式（6.5）进行

Q460 高强钢焊接 H 形截面压弯构件的承载力设计，其计算结果与实际构件承载力符合较好，并且能够满足工程精度和可靠安全的要求。

表 6.7 强轴压弯承载力与建议公式比较

λ	$\overline{m}$	σ	min	ε_{min}	max	ε_{max}
10	1.10	0.0507	1.02	0.2	1.16	8.00
20	1.09	0.0494	1.01	0.2	1.14	10.00
30	1.06	0.0540	0.98	0.2	1.12	10.00
40	1.19	0.1254	1.03	0.2	1.44	10.00
50	1.03	0.0338	1.01	0.2	1.09	10.00
60	1.04	0.0555	1.01	0.2	1.15	8.00
70	1.06	0.0856	1.01	0.2	1.28	20.00
80	1.01	0.0352	0.96	1.0	1.05	4.00
90	1.00	0.0283	0.98	0.2	1.03	10.00
100	1.00	0.0279	0.97	4.0	1.07	1.03
110	1.00	0.0377	0.95	0.8	1.02	0.20
120	1.07	0.0246	1.04	20.0	1.09	0.20
130	1.07	0.0160	1.04	20.0	1.09	0.20
140	1.08	0.0167	1.04	20.0	1.10	0.20
150	1.06	0.0134	1.03	20.0	1.07	0.60
160	1.07	0.0125	1.06	20.0	1.09	1.00

注：λ 为长细比；$\overline{m}$ 为同一长细比压弯构件在规定偏心率条件下，由数值计算承载力 N_p^0 与由式（6.2）计算承载力 N^0 比值的均值；σ 为上述比值的方差；min 为相同长细比压弯构件上述比值的最小值；ε_{min} 为上述比值的最小值所对应的偏心率；max 为相同长细比压弯构件上述比值的最大值；ε_{max} 为上述比值的最大值所对应的偏心率。

表 6.8　弱轴压弯与建议公式比较

λ	$\overline{m}$	σ	min	ε_{min}	max	ε_{max}
10	1.38	0.1706	1.11	0.2	1.54	3.0
20	1.32	0.1303	1.11	0.2	1.41	10.0
30	1.48	0.3075	1.08	0.2	1.64	10.0
40	1.33	0.1887	1.07	0.2	1.63	10.0
50	1.14	0.0872	1.03	0.2	1.31	10.0
60	1.14	0.1050	1.03	0.2	1.34	8.0
70	1.15	0.1041	1.04	0.2	1.36	10.0
80	1.15	0.1281	1.05	0.2	1.36	10.0
90	1.13	0.0678	1.09	0.2	1.30	10.0
100	1.13	0.0600	1.03	0.6	1.25	10.0
110	1.12	0.0652	1.19	10.0	1.10	0.2
120	1.12	0.0432	1.10	0.2	1.24	20.0
130	1.06	0.0130	1.05	20.0	1.07	8.0
140	1.08	0.0143	1.06	10.0	1.08	1.0
150	1.06	0.0227	1.03	10.0	1.07	1.0
160	1.05	0.0228	1.00	8.0	1.07	1.0

注：表中符号含义同表 6.7。

6.6　本章小结

（1）残余应力对 Q460 高强钢焊接 H 形压弯构件极限承载力的影响随长细比与偏心率的变化而变化，相同截面压弯构件弱轴压弯较强轴压弯塑性开展性能好。

（2）宽厚比对 Q460 高强钢焊接 H 形压弯构件极限承载力

的影响随长细比与偏心率的变化而变化；在同等条件下，宽厚比越大，其对构件极限承载力的影响越小。

（3）本章对 Q460 高强钢焊接 H 形压弯构件极限承载力进行参数分析发现，如果直接采用《钢结构设计标准》（GB 50017—2017）相关条文对其进行设计计算会偏于保守，尤其是在偏心率较大的情况下更为突出。

（4）在已有《钢结构设计标准》（GB 50017—2017）的基础上，根据高强钢特性提出 Q460 高强钢焊接 H 形压弯构件设计公式，经过分析对比可以得到本书提出的建议设计公式与实际构件承载力符合较好，并且能够满足工程精度和可靠安全的要求。

参考文献

[6.1] 王彦博. Q460 高强钢焊接截面柱极限承载力试验与理论研究 [D]. 上海：同济大学.

[6.2] Yan-Bo Wang，Guo-Qiang Li，Su-Wen Chen. Residual stresses in welded flame-cut high strength steel H-sections [J]. Journal of Constructional Steel Research，2012，79：159−165.

[6.3] 李开禧，肖允徽，饶晓峰，等. 钢压杆的柱子曲线 [J]. 重庆建筑工程学院学报，1985，1：24−33.

[6.4] 沈祖炎. 压弯构件在弯矩作用平面内的稳定性计算 [J]. 钢结构，1991，12（2）：39−45.

7 焊接工字形受弯构件试验研究

7.1 引　言

本章在已有文献及研究成果的基础上，进行了国产 Q460 高强钢 10mm 中厚板焊接工字形纯弯梁整体稳定极限承载力试验，并将试验结果与《钢结构设计标准》（GB 50017—2017）[7.1] 计算结果进行对比分析。为了确保试验结果的可靠性及实用价值，试件选材、焊接加工工艺、运输均遵循与本书第 3 章相同的规范要求。

7.2　试件设计

为研究 Q460 高强钢焊接工字形梁受力性能，本次试验设计了弱轴长细比为 95 和 155 的两种试件，每种长细比的试件制作两个。试件截面形状如图 7.1 所示，其中 $W_1 \sim W_4$ 分别代表焊缝。试件腹板、翼板厚度均为 10mm，总长度分别为 8m、9m。为了排除局部屈曲对试件极限承载力的影响，试件截面宽厚比均满足《钢结构设计标准》（GB 50017—2017）板件局部稳定的要求。两种截面的翼缘板自由外伸宽厚比分别为 5、9，腹板高厚比分别为 33、18。

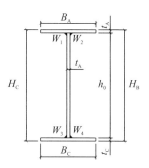

图 7.1　截面形状

　　试件以截面板件宽厚比、长细比冠以截面类型 I 命名。例如试件 I－155－5－18－1，代表弱轴长细比为 155，翼缘板自由外伸宽厚比为 5，腹板高厚比为 18 的 1 号工字形受弯试件。试件加工采用火焰切割，并用匹配 Q460 的高强焊丝 ER55－D2 焊接而成。焊接采用气体保护焊手工焊接，部分熔透焊接。焊接电流 190～195A，焊接电压 28～30V，平均焊接速度 2.3mm/s。试件制作过程中采用了优化的焊接工艺及焊接顺序，以减小试件的初始挠度变形。加工完毕后又对柱子两端各 500mm 范围及端板焊接部位进行了火焰矫正，以减小初始挠度及调整两端端板至相互平行。试件制作完毕后实际测量尺寸列于表 7.1。

表 7.1　试件几何尺寸

试件编号	B_A (mm)	B_C (mm)	t_f (mm)	t_w (mm)	H_B (mm)	H_D (mm)	L (mm)	L_1 (mm)	L_2 (mm)	r_y (mm)
I－155－5－18－1	101.6	102.1	10.08	10.91	198.1	205.8	7921	985	986	21.9
I－155－5－18－2	99.9	100.1	10.08	10.01	200.9	199.1	8005	988	985	21.0
I－95－9－33－1	179.9	179.1	10.08	10.63	350.2	350.8	8996	1491	1495	38.0
I－95－9－33－2	180.2	180.1	10.08	10.21	350.8	349.2	9010	1492	1490	37.8

　　注：B_A、B_C、t_w、H_B、H_D 的含义如图 7.1所示；L_1、L_2 分别为两悬臂长度，代表试件两端铰接转动接触面间的距离；I 为截面惯性矩；r 为回转半径；λ 为长细比。

7.3　试验方案

7.3.1　加载装置

工字形单向受弯构件在荷载作用下，虽然最不利截面上的弯矩或者弯矩与其他内力组合效应还低于截面的承载强度，但构件可能突然偏离原来弯曲变形平面，发生侧向挠曲和扭转，称为受弯构件的整体失稳破坏，如图 7.2 所示。由于受弯构件危险截面在整体稳定破坏时会侧向挠曲与扭转，给试验研究加载带来很大困难。从 Timoshenko 研究受弯构件整体稳定破坏到 Lehigh University可摆动加载装置的发明，受弯构件整体失稳破坏试验研究加载方案可以分为三类，即重力加载[7.2]、可摆动加载装置加载[7.3][7.4]及换算等效长度加载[7.5][7.6]。

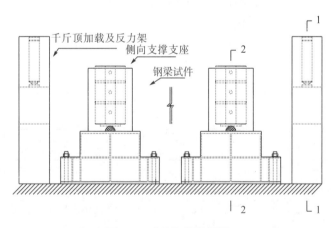

图 7.2　试验加载装置图

本书试验研究采用换算等效长度加载方式模拟纯弯作用下简支边界条件受弯构件的整体稳定性。此加载方式通过理论计算与实际测量相结合的方法确定试件等效简支纯弯梁的有效长度^{[7.6][7.7]}。图 7.2、图 7.3 所示为试件加载装置及剖面图，在试件两伸臂端加载，在梁支座及加载点处均设有侧向支承，并且在梁与支承接触面上填放聚氯乙烯板，以减小摩擦力。

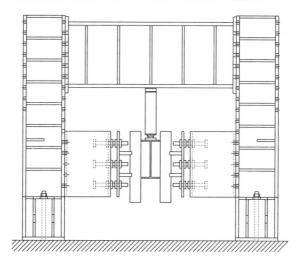

（a）1—1 剖面图

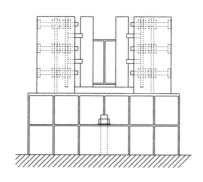

（b）2—2 剖面图

图 7.3　试验加载装置剖面图

对于上述双悬臂试验加载装置，跨中纯弯段梁的侧向弯曲变形必将受到悬臂端梁的约束[7.7]，而试件在极限状态时平面外弯曲形状应为图7.4所示[7.6]。因此在试验过程中可以通过测量梁平面外反弯点的位置，来确定等效简支纯弯梁的有效长度 L_e。

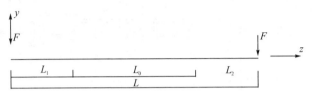

（a）双悬臂受弯试件平面内加载图

（b）双悬臂受弯试件平面外布置图

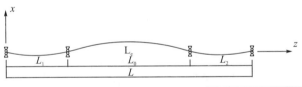

（c）双悬臂受弯试件平面外变形图

图 7.4　双悬臂受弯试件屈曲模式

7.3.2　应变片、位移计布置

应变片、位移计分 11 个截面布置，如图 7.5 所示，其中 11 号截面在试件中点位置布置，3、8 号截面在计算反弯点处布置，1、2、4、5 号截面以 3 号截面为中间点，依次间隔 200mm 布置，6、7、9、10 号截面以 3 号截面为中间点，依次间隔 200mm 布置。1、5、6、10 号截面为Ⅰ类截面，主要测量试件反弯点应变增量，应变片在试件受压翼缘两边缘对称布置，其位移计与应变片布置形式如图 7.6（a）所示；2、3、4、7、8、9 号截面应变片布置与Ⅰ类截面相同，但不布置位移计；11 号截面位于试件跨中，为试件Ⅱ类截面，其位移计与应变片布置形式如图 7.6（b)所示。

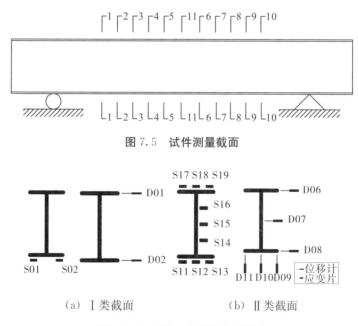

图 7.5　试件测量截面

（a）Ⅰ类截面　　　　　（b）Ⅱ类截面

图 7.6　应变片、位移计布置形式

7.3.3　加载端、支座及侧向支承

试验根据试件承载力的不同分别采用 100kN、500kN 液压千斤顶进行加载，加载端采用半球形节点，为了防止试件局部承压破坏，分别在半球形节点处设置 10mm 厚垫板，如图 7.7 所

示。支座采用半圆柱铰支座，并且在铰与试件接触位置设置20mm厚垫板，试件与侧向支撑及制作接触位置均涂抹润滑油，以减小摩擦力，如图 7.8 所示。

图 7.7　试件侧向支撑及支座

图 7.8　试件加载端

试件安装过程中将两边支座调平对中，并使试件保持完全水平状态。试件安装完毕后先实施预加载，检查应变仪、位移计等监测设备的运行状况，判定位移计方向。各项准备工作检查无误后进行正式加载。加载系统竖向加载器最大推力为 500kN，作动器行程范围为 300mm。每个试件在正式加载试验前，都要经过预加载以消除整个装置的变形及梁自重的影响。正式加载时，开始几级荷载增量大些，以后适当减小，接近失稳时，荷载级差极限承载的 5%，每级加载间隔都等待所有测量数值稳定后再进行。

7.3.4　Q460 低合金高强钢材性试验

试件加工前先对所使用的 Q460 高强钢钢板按照《钢及钢产品力学性能试验取样位置及试样制备》（GB/T 2975—1998）[7.8]与《金属材料室温拉伸试验方法》（GB/T 228—2002）[7.9] 取样并进行拉伸试验。图 7.9 为 4 根 Q460 钢材静力拉伸试件的应力-应变曲线。试验所得钢材力学性能及平均值见表 7.2，其数值将用于计算分析。

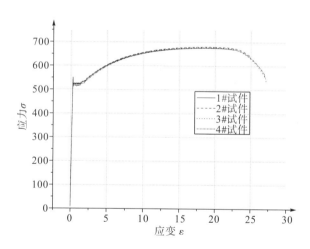

图 7.9　Q460 钢材应力-应变曲线

表 7.2　钢材力学性能

试件编号	E(GPa)	f_y(MPa)	f_u(MPa)	f_y/f_u	δ(%)
1#	210.2	522.5	675.2	0.77	23.8
2#	210.3	519.8	666.5	0.78	25.6
3#	209.9	528.6	670.1	0.79	26.7
4#	209.7	512.5	654.1	0.78	25.9
平均值	210.0	510.9	666.5	0.78	25.5

注：E 为弹性模量，f_y 为屈服强度，f_u 为抗拉强度，δ 为断后伸长率。

7.3.5　几何初始缺陷

试件安装前对每个试件的初始几何缺陷进行测量，包括试件沿弱轴方向的面外挠度，工字形截面上、下翼缘不平行，翼板边缘塌陷，腹板与翼板不垂直等因素，如图 7.10 所示。具体测量结果见表 7.3，其将作为初始缺陷用于有限元计算分析。

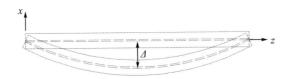

（a）沿弱轴方向的面外挠度

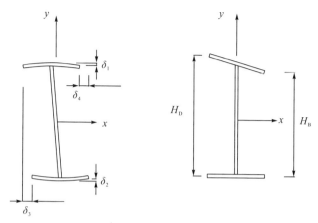

（b）工字形截面上、下翼缘不平行　　（c）腹板与翼板不垂直

图 7.10　几何初始缺陷

表 7.3　几何初始缺陷测量结果

试件编号	Δ (mm)	δ_1 (mm)	δ_2 (mm)	δ_3 (mm)	δ_4 (mm)	H_B (mm)	H_D (mm)
I—155—5—18—1	1.8	0.5	0.8	0.9	1.6	198.1	205.8
I—155—5—18—2	2.2	0.6	0.6	1.2	0.8	200.9	199.1
I—95—9—33—1	3.8	1.2	1.0	−3.5	−4.0	350.2	350.8
I—95—9—33—2	4.1	1.0	0.9	2.2	2.5	350.8	349.2

7.4　试验结果及分析

7.4.1　加载过程及破坏特征

以试件 I—155—5—18—1 的试验过程为例进行说明。一经加载试件的面内挠度即有微小发展，并且随着荷载的增加呈线性增长，受弯试件在荷载面内方向随着荷载的增加缓慢拱起。当施加荷载小于极限荷载 70% 时，基本观测不到试件的面外挠度及梁

截面转角。随着荷载的增加，当接近极限荷载时，面内挠度增长速率加快，同时面外挠度开始快速增长。在临近失稳时，可以看到位移计与应变计片读数增长幅度增大，此后读数难以稳定，液压千斤顶读数回转，即回油自动卸载。从外观上可以观察到，失稳时梁发生明显的侧移及扭转屈曲。

图 7.11 (a) ～ (d) 所示为 2 种截面试件加载前后的变化形态。从试件的破坏模式来看，在整体失稳前均没有出现板的局部失稳现象，说明 GB 50017—2017 对于 Q460 工字形截面翼缘宽厚比的限定公式仍适用。图 7.11 (e) (f) 是侧向支承在试件破坏后的局部图，可以看到本次试验中的侧向支承起到了理想的效果。

(a) I—155—5—18—1 试件加载前　　　(b) I—155—5—18—1 试件加载后

(c) I—95—9—33—1 试件加载前　　　(e) 侧向支承的局部图 1

（d）Ⅰ-95-9-33-1试件加载后　　　　（f）侧向支承的局部图 2

图 7.11　试件破坏模式

7.4.2　荷载与位移关系

　　荷载与试件位移变化曲线是 Q460 高强钢纯弯梁极限承载力试验研究的重要考察内容，通过试验得到 4 个试件的荷载 N 与梁中面内挠度关系曲线及荷载 N 与梁中面外挠度关系曲线，如图 7.12 至图 7.15 所示。受弯构件荷载－梁中面内挠度关系曲线分为 3 个阶段：弹性阶段、弹塑性阶段和破坏阶段。当荷载较小时，荷载与挠度关系呈线性变化，试件处于弹性阶段。随着荷载进一步增加，试件中面内挠度增长速度明显加快，曲线呈现非线性，此阶段为弹塑性。此后，梁中面内挠度增长速度进一步加快，而液压千斤顶自动退油卸载，此阶段为构件破坏阶段。

　　荷载 N 及梁中面外挠度关系曲线与前者略有不同，但是其变化过程同样分为 3 个阶段：在荷载较小的弹性阶段、梁中截面几乎没有面外位移、只存在面内受弯挠度。随着荷载进一步增加，以及初始几何缺陷的存在，受压翼缘向面外转动。此阶段的变化现象与试件初始几何缺陷十分密切，如果试件初始几何缺陷较大，则试件在荷载增长过程中梁中截面转角较大，反之，转角较小。最后当荷载达到极限值时，梁中截面面外挠度及转角快速增长，千斤顶卸载，试件破坏。

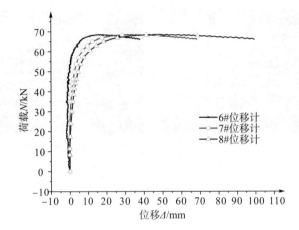

（a）Ⅰ－155－5－18－1试件荷载－面外位移曲线

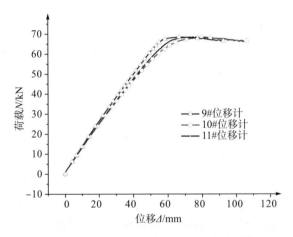

（b）Ⅰ－155－5－18－1试件荷载－面内位移曲线

图 7.12　试件荷载－位移曲线（一）

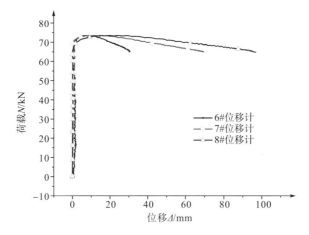

（a）I－155－5－18－2 试件荷载－面外位移曲线

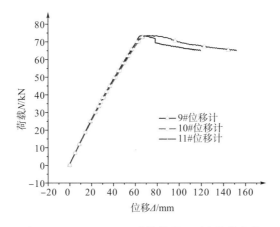

（b）I－155－5－18－2 试件荷载－面内位移曲线

图 7.13　试件荷载－位移曲线（二）

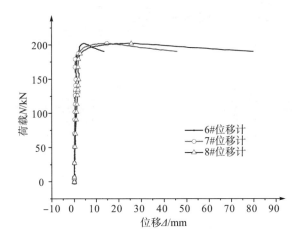

(a) I－95－9－33－1 试件荷载－面外位移曲线

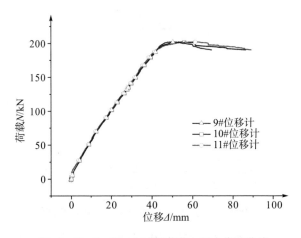

(b) I－95－9－33－1 试件荷载－面内位移曲线

图 7.14　试件荷载－位移曲线（三）

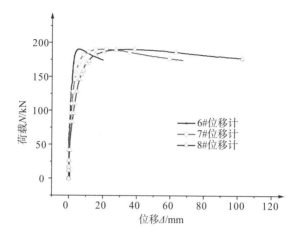

（a）I-95-9-33-2 试件荷载-面外位移曲线

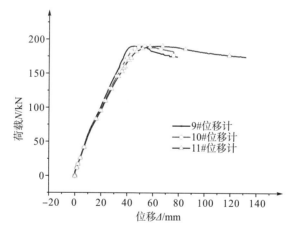

（b）I-95-9-33-2 试件荷载-面内位移曲线

图 7.15 试件荷载-位移曲线（四）

7.4.3　荷载与应变关系

　　试验过程中，在试件中截面处布置了 9 片应变片，测试试件的受压与受拉侧的纵向应变值，S11～S19 应变片布置位置如图 7.6 所示。以 I−95−9−33−2 试件为例，根据应变片的不同位置，绘制了受压翼缘、受拉翼缘、腹板三组 $N-\varepsilon$ 关系曲线，分别如图 7.16（a）（b）（c）所示。

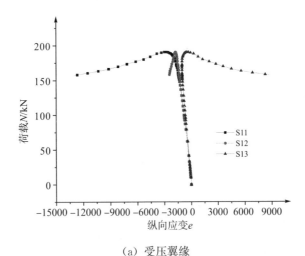

（a）受压翼缘

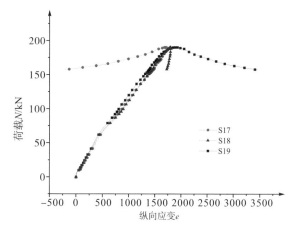

（b）受拉翼缘

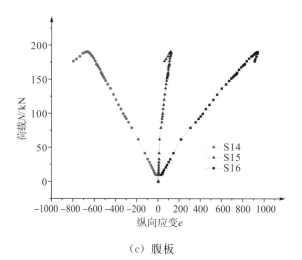

（c）腹板

图 7.16 I—95—9—33—2 **试件荷载** N **与应变** ε **关系曲线**

试件从开始加载即体现出受弯状态，当荷载较小时（$M \leqslant$ 185kN·m），受压翼缘应变片 S11、S12、S13 呈现受压负应变，受拉翼缘应变片 S17、S18、S19 受拉产生正应变，腹板四等分处 3 个应变片根据所在位置的不同分别受拉或受压，此阶段试件只产生面内弯曲变形，梁中截面符合平截面假设，即各应变线性增长，并且受压翼缘 S11、S12、S13 的 $N-\varepsilon$ 关系曲线重合，受拉翼缘 S17、S18、S19 的 $N-\varepsilon$ 关系曲线重合。当荷载增大（185 kN·m<M≤293.4 kN·m），试件出现明显面外挠度，梁中截面转动，在临近极限荷载时，单位荷载增量下的应变增量加剧，成几倍至数十倍增加，有的应变片由于变形过大甚至破坏。由于梁中截面的转动作用，试件破坏后受压翼缘测点 S11、受拉翼缘点 S17 以及腹板测点 S15 都出现与初始应变值相反的应变值。

7.4.4　试件有效长度的测量

由于试件双悬臂部分对跨中部分的约束及各支承处的摩擦作用，使得试件在侧向支承长度范围内不能按理想简支梁考虑。试验中均匀弯曲的等截面试件将会在中跨出现反弯点，如图 7.4 所示，确定反弯点的位置可以通过分析应变变化来测量。由于试件中跨屈曲时，侧向产生的附加应力符号与边跨侧向位移产生的附加应力符号正好相反，因此与附加应力相对应的应变增量也会出现反号，这样就可以通过找出附加应变增量符号相反的相邻两个截面来确定反弯点的范围。

以 I-95-9-33-2 试件为例，具体确定反弯点的方法见表 7.4。从表 7.4 中可见，在 3—3、4—4 相邻截面受压翼缘同一侧边，其附加应变增量出现反号，因此可以确定反弯点在此两截面间。表 7.5 为 4 个试件有效长度的测量结果及临界弯矩结果。

表 7.4 确定反弯点

截面编号	1—1		2—2		3—3		4—4		5—5	
应变片号	1	2	1	2	1	2	1	2	1	2
180kN 级	−1355	−1700	−1346	−1494	−1202	−1439	−1762	−1268	−1736	−1203
190kN 级	−1091	−2258	−1283	−1787	−1274	−1548	−2066	−1210	−2152	−998
二级差	−264	558	−63	293	72	109	304	−58	416	−205
二级差均值	147	115	90.5	123	105.5	—	—	—	—	—
附加应变	−411	411	−178	178	−18.5	18.5	181	−181	310.5	−310.5
应变增量符号	−	+	−	+	−	+	+	−	+	−

表 7.5 试件极限弯矩和有效长度

试件编号	$N_u(kN)$	$L_e(mm)$
I−155−5−18−1	68.5	3310
I−155−5−18−2	73.6	3220
I−95−9−33−1	303.45	3550
I−95−9−33−2	285.75	3620

7.4.5 试验结果与规范比较

我国现行《钢结构设计标准》（GB 50017—2017）对于 Q460 高强度钢材钢柱的设计方法、计算公式以及相关规定只是简单沿用了普通钢材基本构件的设计方法。采用该规范中受弯构件整体稳定性公式计算各试件极限弯矩承载力，其极限弯矩计算结果与试验极限承载力结果比较列于表 7.6。

表 7.6　GB 50017—2017 **计算结果与试验结果比较**

试件编号	试验结果 （kN·m）	计算结果 （kN·m）	试验结果/ 计算结果
I—155—5—18—1	68.5	63.85	1.073
I—155—5—18—2	73.6	66.07	1.11
I—95—9—33—1	424.8	408.46	1.04
I—95—9—33—2	400.1	399.10	1.00
平均值	—	—	1.06
标准差	—	—	0.05

　　从表 7.6 可以看出，如按现行钢结构规范计算 Q460 焊接工字形梁整体稳定极限承载力，其计算结果与试验结果符合很好。

7.5　本章小结

　　（1）本书介绍的 Q460 高强钢焊接工字形梁整体稳定极限承载力试验加载方案以及试件有效长度的确定方法能够较理想地模拟简支纯弯梁整体失稳受力状态。

　　（2）Q460 高强钢焊接工字形梁整体稳定极限承载力试验结果与《钢结构设计标准》（GB 50017—2017）设计公式计算结果符合较好。但是能否直接利用现行《钢结构设计标准》（GB 50017—2017）进行 Q460 高强钢焊接工字形梁整体稳定性设计，仍需进一步研究。

参考文献

[7.1] 中华人民共和国住房和城乡建设部. 钢结构设计标准：GB 50017—2017 [S]. 北京：中国建筑工业出版社，2018.

[7.2] 童根树. 钢结构的平面外稳定 [M]. 北京：中国建筑工

业出版社，2007：2—3.

[7.3] Yarimci E，Yura J A，Lu L W. Techniques for testing structures permitted to sway [J]. Experimental Mechanics，1967，8：321—331.

[7.4] Dibley J E. Lateral torsional buckling of I-sections in grade 55 steel [J]. ICE Proceedings，1969，43（4）：599—627.

[7.5] Dibley J E，Trahair N S，Proctor A N，et al. Discussion lateral torsional buckling of I-sections in grade 55 steel [J]. ICE Proceedings，1970，46（1）：97—105.

[7.6] 韩邦飞. 钢梁总体稳定性的试验研究 [J]. 石家庄铁道学院学报，1992，5（3）：57—64.

[7.7] Trahair N S. Stability of I-beams with elastic and restraints [J]. The Journal of the Institution of Engineers，1965，6：157—168.

[7.8] 国家市场监督管理总局，中国国家标准化管理委员会. 钢及钢产品力学性能试验取样位置及试样制备：GB/T 2975—2018 [S]. 北京：中国质检出版社，2019.

[7.9] 国家市场监督管理总局，中国国家标准化管理委员会. 金属材料 拉伸试验 第1部分：室温试验方法：GB/T 228.1—2010 [S]. 北京：中国建筑工业出版社，2010.

8 焊接工字形受弯构件的
参数分析与设计建议

8.1 引　言

前面对国产 Q460 高强钢焊接工字形纯弯构件进行了试验研究，采用 Q460 高强钢钢板制作了 2 种不同截面的 4 根试件进行纯弯试验。试验结果表明，Q460 高强钢焊接工字形纯弯构件的整体稳定极限承载力与我国《钢结构设计标准》（GB 50017—2017）的相关条文规定符合较好。由于试验数据有限，无法考察不同截面尺寸（残余应力分布）与长细比的构件的承载力情况，因此进一步研究需要建立准确可靠的数值模型，对影响受弯构件极限承载力的主要参数进行更为广泛的数值分析以扩充试验数据。

本章首先采用数值积分法与有限元法对 Q460 高强钢焊接工字形纯弯构件极限承载力进行数值模拟，数值方法考虑残余应力与初始几何缺陷，并将数值结果与试验结果比较验证。其次，采用经过试验验证的数值积分法与有限元法对 Q460 高强钢焊接工字形纯弯构件进行参数分析，并且比较两种不同数值分析方法的计算结果。再次，对影响构件极限承载力的参数进行分析。最后，将参数分析结果与现行规范进行了比较并提出设计建议。

8.2　数值模型的建立

8.2.1　材料模型

根据表 7.2 中与受弯构件相对应的 Q460 钢板材性试验结果，建立了忽略应变强化效应的双线理想弹塑性材料模型，如图 8.1 所示。

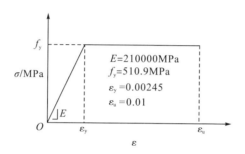

E=210000MPa
f_y=510.9MPa
ε_y=0.00245
ε_u=0.01

图 8.1　Q460 钢的理想弹塑性应力－应变曲线

8.2.2　初始缺陷

对受弯构件整体稳定破坏临界弯矩影响最大的初始缺陷包括初始弯曲和残余应力。初始弯曲即构件沿面外方向的初始挠度。前文在试验研究前测量了所有试件的初始偏心与初始挠度，列于表 7.3，本章在数值积分中按照实测值考虑了初始几何缺陷。

残余应力作为另一种类型的初始缺陷，与内力叠加后使部分截面提前屈服，导致整体失稳提前发生而降低了构件的极限承载力。本章根据文献[8.1]提出的 Q460 高强钢焊接 H 形截面残余应力简化模型进行了近似拟合，以施加初始应力的方法预先把残余应力施加在对应单元中。具体残余应力分布拟合方法与第 7 章

H 形截面拟合方法相同，在此不予累述。

8.2.3 数值积分法

8.2.3.1 数值积分法的计算过程

如图 8.2 所示，薄壁构件整体稳定分析在弹性阶段的几何非线性一般微分方程为：

$$EI_x u'' + M_x = 0 \qquad (8.1)$$

$$EI_y u'' + M_x \varphi = 0 \qquad (8.2)$$

$$EI_w \varphi^{\mathrm{IV}} + (\overline{K} - GI_{et} - GI_{pt})\varphi'' + M_x u'' = 0 \qquad (8.3)$$

式中：E 为弹性模量，I_x 为主轴截面惯性矩，I_y 为弱轴截面惯性矩，I_w 为翘曲惯性矩，M_x 为绕主轴纯弯弯矩。

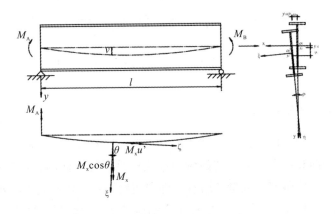

图 8.2 压弯构件的挠曲线

式（8.2）与式（8.3）是耦合的侧扭失稳平衡方程，式（8.1）为受弯构件面内平衡方程。用数值积分法求解即形成受弯构件各分段或高阶导数以及积分算子的线性代数方程组，此方程组由 2（m+1）个方程组成，m 是单元分段数。

$$\begin{Bmatrix} k_{11}\,k_{12} \\ k_{21}\,k_{22} \end{Bmatrix} \begin{Bmatrix} u^{\mathrm{IV}} \\ \varphi^{\mathrm{IV}} \end{Bmatrix} = 0 \qquad (8.4)$$

式（8.4）也可以简化为：

$$[K] \begin{Bmatrix} u^{\mathrm{IV}} \\ \varphi^{\mathrm{IV}} \end{Bmatrix} = 0 \qquad (8.5)$$

式（8.5）中：

$$k_{11} = [EI_{\mathrm{x}}] + \left(\frac{a}{12}\right)^2 \left([N]^2 - \frac{1}{l}\,[N]_{m+1}^2 \{z\}\,[I]\right)$$

$$(8.6)$$

$$k_{12} = M_{\mathrm{x}} \cdot \left(\frac{a}{12}\right)^2 \left([N]^2 - \frac{1}{l}\,[N]_{m+1}^2 \{z\}\,[I]\right) \quad (8.7)$$

$$k_{21} = k_{12} \qquad (8.8)$$

$$k_{22} = [EI_{\mathrm{w}}] + (\bar{R} - GI_{\mathrm{t}} - GI_{\mathrm{p}})\left(\frac{a}{12}\right)^2 \left([N]^2 - \right.$$

$$\left. \frac{1}{l}\,[N]_{m+1}^2 \{z\}\,[I]\right) \qquad (8.9)$$

受弯构件发生弯扭屈曲的条件是式（8.5）的系数行列式为零。在这里需要指出的是，由于在计算之前轴向应变 ε_0 是假定初始值，所以需要通过反复试算，实际计算时可以采用分级加载的方法将第 i 次荷载 M_i 和第 $i+1$ 次荷载 M_{i+1} 的两个系数行列式相乘，将 $|K_i| \times |K_{i+1}| \leqslant 0$ 作为判别构件屈曲的条件，而且要求荷载的增量满足精度要求 $\{\Delta M/M\} \leqslant 10^{-3}$。

试验构件数值模拟中，将构件划分为 40 个等单元段，式（8.9）中就有 80 个以高阶导数表示的节点位移，即有 80 个未知量和 80 个有限积分式的方程组。

8.2.3.2　构件分段及截面单元划分

决定截面网格的划分形式与数量的因素主要有计算精确度与

数值模拟所考虑的残余应力分布。根据文献［8.1］中提出的 Q460 高强钢焊接 H 形截面残余应力分布模型，本章数值积分法考虑截面残余应力简化模型如图 8.3 所示。受弯构件通过不同精度网格划分的截面试算，得出以图 8.4 所示截面网格划分可以满足计算精度要求。为了便于施加初始残余应力，在采用图 8.4 所示网格划分的同时，还需参照残余应力分布规律对截面进一步划分。截面划分后将各单元面积 A_i 与单元形心坐标 x_i，y_i 储存于单元信息矩阵中以备调用。

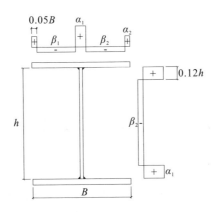

图 8.3　焊接箱形截面简化残余应力模型

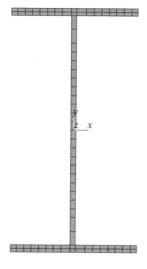

图 8.4 截面单元划分

8.2.4 有限单元法

有限元分析使用通用有限元软件 ANSYS 实现。焊接工字形梁采用 SHELL 181 单元模拟，SHELL 181 是 4 节点三维壳单元，可以对模型施加纯弯梁简支边界条件。工字形梁截面根据截面残余应力分布形式进行划分，并且采用 INIS 命令将残余应力以初始应力的形式施加到对应各单元中，图 8.4 所示为对应截面划分。工字形梁沿长度方向划分为 80 个等长单元，采用 Von Mises 屈服准则，按照前面介绍的材料模型采用理想弹塑性模型钢材本构关系。几何初始缺陷按照表 7.3 所示实测初始偏心与初始弯曲之和，以对应的失稳模态形式写入初始模型。

8.2.5 极限承载力结果的比较

临界弯矩是考察高强钢焊接工字形纯弯构件性能的重要指

标，影响其极限承载力的因素主要有：构件的几何初始缺陷、焊接箱形截面构件的残余应力、材料特性。为了寻找能够准确预测纯弯构件极限承载力的计算方法，本书采用考虑了实测初始缺陷的数值积分法 NIM 和有限单元法 FEM 对试件的极限承载能力进行预测。表 8.1 为 Q460 高强钢焊接工字形受弯构件极限承载力的数值计算结果，以及计算结果与试验结果的比值，可见有限元分析预测结果较为准确，与试验结果符合较好。由此可以认为，考虑了初始缺陷的数值积分法与有限元法均可以准确地预测 Q460 高强钢焊接工字形受弯构件的极限承载力。

表 8.1　数值计算结果与试验结果比较

试验编号	Test (kN)	FEM (kN)	NIM (kN)	FEM/ Test	NIM/ Test
I－155－5－18－1	68.5	66.3	65.3	0.968	0.953
I－155－5－18－2	73.6	67.9	65.9	0.923	0.895
I－95－9－33－1	202.3	195.6	189.6	0.968	0.937
I－95－9－33－2	190.5	185.8	180.3	0.975	0.946
平均值	—	—	—	0.958	0.933
标准差				0.024	0.026

8.3　焊接工字形受弯构件参数分析

8.3.1　主要分析参数

我国现行《钢结构设计标准》（GB 50017—2017）规定，对于双轴对称简支工字形梁的整体稳定验算只适用于当 $\varphi_b < 2.5$（相当于 $\varphi_b' < 0.95$）时，即认为 $\varphi_b \geqslant 2.5$ 梁的截面将由强度条件

控制，而不是由稳定条件控制。因此，对下述各参数分析构件、计算 φ_b 后确定了需考虑整体稳定的最小弱轴长细比为 60。

本节参数分析共计算了 200 根工字形受弯构件，主要分析参数包括：① 工字形截面自由外伸板件宽厚比与腹板高厚比及具体截面尺寸，如图 8.5 与表 8.2 所示，按照截面高度不同分为 4 组，分别为 I-200，I-320，I-500，I-850；② 受弯构件弱轴长细比，每组截面通过变化柱长得到长细比 60~300 共 25 个试件；③ 受弯构件有无残余应力对构件的影响。

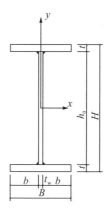

图 8.5 工字形焊接截面图

表 8.2 参数分析构件尺寸

构件编号	B (mm)	t (mm)	t_w (mm)	h_0 (mm)	H (mm)	I_y (mm^4)	b/t	h_0/t_w
I-200	100	11	7	178	200	1838421	4.23	25.43
I-320	130	15	9	290	320	5510118	4.03	32.22
I-500	180	20	12	460	500	19506240	4.20	38.33
I-850	450	25	18	800	850	380076300	8.64	44.44

参数分析中假设受弯构件几何初始缺陷为梁受弯面外正弦半波曲线及梁中挠度为 1/1000 梁长的初始弯曲。残余应力模型采用文献［8.1］提出的 Q460 高强钢焊接 H 形截面简化残余应力分布模型，使用与 6.2.2 节相同的方法进行拟合，在此不予赘述。

8.3.2　两种数值方法计算结果的比较

本节采用前面介绍的数值积分法与有限元法进行 Q460 高强钢焊接工字形截面受弯构件参数分析。将参数分析构件按照截面高度分为 4 组，分别标注为 I−200，I−320，I−500 和 I−850，每组截面通过变化梁弱轴得到长细比 60～300 共 25 个试件。采用前文所述绕 x 轴纯弯的数值积分模型与有限元法模型进行分析，计算结果列于表 8.3。从表中可以看出，考虑相同初始缺陷的数值积分法和有限元法所得到的计算结果吻合较好，各系列构件计算结果偏差均小于 5%。因此，下文参数分析采用两种数值结果的较小值，并统称数值法计算结果。

表 8.3 Q460高强钢焊接工字形梁参数分析极限承载力比较

λ	I—200			I—320			I—500			I—850		
	FEM (kN·m)	NIM (kN·m)	FEM /NIM	FEM (kN·m)	NIM (kN·m)	FEM /NIM	FEM (kN·m)	NIM (kN·m)	FEM /NIM	FEM (kN·m)	NIM (kN·m)	FEM /NIM
60	113.75	110.40	1.03	331.86	325.6956	1.02	988.08	967.4759	1.02	5086.99	5152.757	0.99
70	109.29	105.00	1.04	316.66	311.2546	1.02	957.92	921.0428	1.04	4828.68	4848.206	1.00
80	104.71	101.82	1.03	298.84	294.3244	1.02	906.40	871.3387	1.04	4526.77	4513.421	1.00
90	100.50	96.64744	1.04	277.81	281.3017	0.99	845.92	819.189	1.03	4111.66	4153.257	0.99
100	94.50	89.7755	1.05	260.99	247.935	1.05	773.60	765.2731	1.01	3625.15	3772.072	0.96
110	88.06	83.65644	1.05	239.87	227.8795	1.05	708.62	710.0927	1.00	3137.26	3364.349	0.93
120	82.38	78.26567	1.05	220.05	209.0512	1.05	650.28	654.0762	0.99	2925.01	2919.771	1.00
130	78.54	74.6125	1.05	206.38	196.0633	1.05	590.48	591.4652	1.00	2447.28	2571.027	0.95
140	73.18	69.52382	1.05	191.38	189.5902	1.01	533.92	533.2018	1.00	2208.88	2291.745	0.96
150	67.38	64.00659	1.05	174.00	173.3796	1.00	490.83	485.2533	1.01	2101.18	2064.159	1.02
160	63.79	60.59814	1.05	161.67	159.7486	1.01	444.31	445.1953	1.00	1922.75	1875.857	1.03
170	57.19	56.85832	1.01	151.68	148.1373	1.02	410.17	411.2509	1.00	1660.52	1717.843	0.97
180	53.79	53.1712	1.01	144.86	138.1322	1.05	379.50	382.1663	0.99	1591.17	1583.664	1.00
190	49.82	49.9454	1.00	128.55	129.4203	0.99	364.31	356.9693	1.02	1515.69	1468.575	1.03

续表8.3

λ	I—200			I—320			I—500			I—850		
	FEM (kN·m)	NIM (kN·m)	FEM/NIM	FEM (kN·m)	NIM (kN·m)	FEM/NIM	FEM (kN·m)	NIM (kN·m)	FEM/NIM	FEM (kN·m)	NIM (kN·m)	FEM/NIM
200	47.10	47.0978	1.00	121.16	121.7687	1.00	344.04	340.6137	1.01	1479.77	1368.879	1.08
210	45.08	44.56751	1.01	124.51	114.9931	1.08	304.51	306.7426	0.99	1383.44	1281.762	1.08
220	42.33	42.30067	1.00	114.24	108.9511	1.05	311.28	304.8196	1.02	1282.98	1205.072	1.06
230	40.43	40.26098	1.00	109.83	103.5279	1.06	288.26	278.8597	1.03	1221.68	1137.045	1.07
240	38.51	38.41215	1.00	106.78	98.63307	1.08	263.62	258.8882	1.02	1089.21	1076.411	1.01
250	37.23	36.73076	1.01	100.23	94.19716	1.06	259.63	242.0728	1.07	1079.06	1021.956	1.06
260	35.22	35.19455	1.00	91.77	90.1506	1.02	250.57	234.893	1.07	1045.85	972.7971	1.08
270	34.04	33.7848	1.01	94.40	86.44473	1.09	229.92	220.0215	1.04	993.10	928.2731	1.07
280	32.52	32.48512	1.00	90.03	83.04132	1.08	216.75	214.7438	1.01	986.81	887.7215	1.11
290	31.37	31.28496	1.00	84.86	79.90558	1.06	201.93	208.2016	0.97	926.89	850.6458	1.09
300	31.16	30.17144	1.03	89.95	76.99929	1.17	200.44	190.2262	1.05	902.67	816.6045	1.11
均值	—	—	1.02	—	—	1.04	—	—	1.02	—	—	1.03
方差	—	—	0.02	—	—	0.04	—	—	0.03	—	—	0.05

注：FEM 为 ANSYS 有限元法计算结果，NIM 为 Matlab 数值积分法计算结果，FEM/NIM 为上述两种方法计算结果的比值。

8.3.3 高强钢与普通钢的比较

为了进一步研究 Q460 高强钢焊接工字形梁与普通梁对于初始几何缺陷影响的差异，以屈服强度为 235MPa，弹性模量为 207.8GPa 的普通钢 Q235 建立考虑面外 $l/1000$ 弯曲挠度初始缺陷，无残余应力的 I－500 受弯梁数值计算模型进行计算比较，计算结果经过无量纲化处理列于图 8.6。图中坐标采用无量纲的坐标，x 轴为 $\bar{\lambda}_n$，即正则化长细比，$\bar{\lambda}_n = \sqrt{M_y/M_E}$，$M_y = W_p f_y$ 为边缘纤维屈服弯矩，M_E 为弹性侧扭屈曲临界弯矩，即 $M_E = \dfrac{\pi}{l}\sqrt{EI_y(GI_t + EI_w\dfrac{\pi^2}{l^2})}$，$y$ 轴为工字形梁临界弯矩 M_{cr}/M_y。

经过分析比较发现，Q460 高强钢梁侧扭屈曲曲线高于 Q235 普通钢侧扭屈曲曲线。当正则化长细比在 0.66～1.3 范围内时，两种钢材的稳定系数差异相对较大，最大达到 6.19%；弹性阶段，两者稳定系数十分接近。分析结果表明，当使用更高强度的钢材时，初始几何缺陷对工字形梁的临界弯矩的影响降低，梁的稳定系数提高。

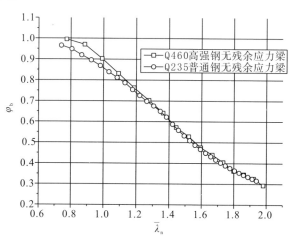

图 8.6　普通钢与高强钢稳定系数的比较

8.3.4　残余应力的影响

影响纯弯构件临界弯矩最主要的因素是初始几何缺陷与残余应力。8.3.3 节分析了初始几何缺陷对 Q460 高强钢焊接工字形梁的侧扭屈曲临界弯矩的影响，本节将研究残余应力对构件临界弯矩的影响。焊接工字形截面构件拉压残余应力峰值与构件的板厚，翼板自由外伸宽厚比及腹板高厚比存在着密切的关系，因此宽厚比参数的变化伴随着残余应力的变化。计算 4 种截面初始弯曲为 $l/1000$ 的焊接工字形梁，存在残余应力与无残余应力时的临界弯矩，通过无量纲化处理列于图 8.7 至图 8.10。

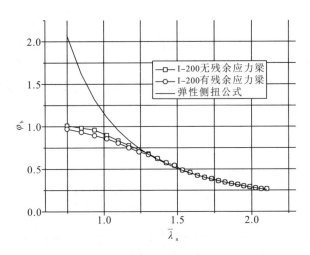

图 8.7　I−200 系列构件分析

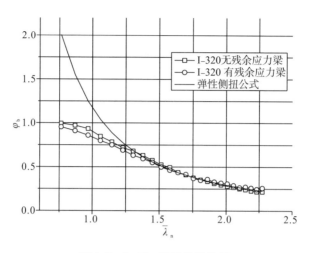

图 8.8　I-320 系列构件分析

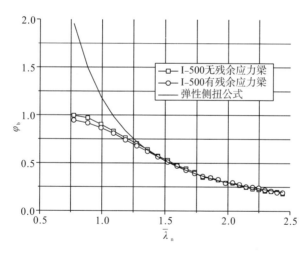

图 8.9　I-500 系列构件分析

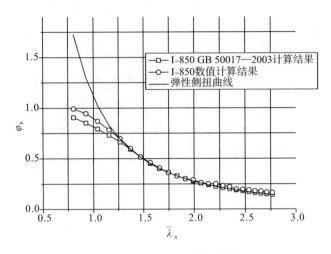

图 8.10 I—850 系列构件分析

从图 8.7 至图 8.10 可以看出，残余应力的存在均对受弯构件临界弯矩有不利影响，但是在弹性阶段残余应力的影响十分小（可以忽略）。在正则化长细比 $0.75 < \bar{\lambda}_n \leqslant 1.3$ 时，残余应力的不利影响较大。

为了便于量化比较残余应力对受弯构件临界弯矩的影响，定义残余应力相对差异为：

$$\Delta\varphi = \frac{\varphi_0 - \varphi_i}{\varphi_0} \times 100\% \qquad (8.10)$$

式中：φ_i 为构件有残余应力时的稳定系数，φ_0 为无残余应力时的稳定系数，$\Delta\varphi\%$ 为残余应力相对差异。以 I—200 系列构件为例，根据上述参数分析结果得到其长细比 $\lambda = 60 \sim 300$ 的残余应力相对差异，如图 8.11 所示。

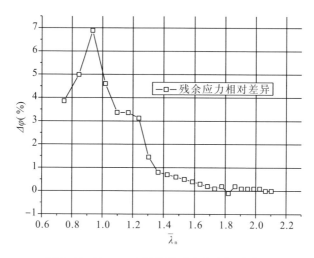

图 8.11　I-200 系列构件残余应力相对差异

从图 8.11 中结果可以得出结论，残余应力对工字形纯弯构件的临界弯矩均有不利影响，但是随着正则化长细比的变化其影响效应有所变化。当 $\bar{\lambda}_n \geqslant 1.3$ 时，受弯构件属于弹性弯扭失稳，其临界弯矩与弹性弯扭稳定的计算结果十分接近，两者相差均小于 1%，所以此区域可以认为残余应力不影响 Q460 高强钢工字形受弯梁的临界弯矩。当 $0.75 \leqslant \bar{\lambda}_n < 1.3$ 时，受弯构件属于弹塑性弯扭失稳，残余压应力的存在削弱了截面的有效惯性矩，因此对构件的临界弯矩有所削弱，以 I-200 系列构件为例，$\bar{\lambda}_n = 0.85$ 时，残余应力削弱构件临界弯矩达 7%。当 $\bar{\lambda}_n < 0.75$ 时，受弯构件的破坏属于截面强度破坏，因此，残余应力的不利影响逐渐降低，最后趋近于零。

8.3.5　宽厚比、高厚比影响

根据 6.4 节介绍，不同工字形截面残余应力分布的变化与截面翼板自由外伸宽厚比、腹板高厚比有密切关系。本节在前文参数分析的基础上，分析宽厚比与高厚比不同对受弯构件临界弯矩的影响。

如图 8.12 所示是 I-200 系列构件与 I-500 系列构件的弯扭稳定系数比较。由表 8.2 参数分析构件尺寸可以看到，I-200 系列构件与 I-500 系列构件属于高厚比不同、宽厚比近似相等的构件。由图 8.12 计算结果可以看出，I-200 系列构件与 I-500 系列构件侧扭稳定系数曲线几乎重合，说明纯弯构件在翼板宽厚比相等、腹板高厚比不等的情况下，侧扭稳定系数不受影响。从上述分析可以得到，腹板残余应力对构件临界弯矩无影响。

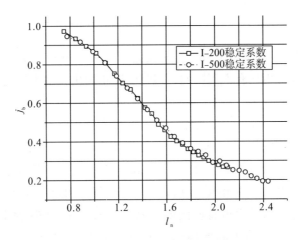

图 8.12　I-200 与 I-500 **系列构件比较**

如图 8.13 所示是 I-200 系列构件与 I-850 系列构件的弯扭稳定系数比较。由表 8.2 参数分析构件尺寸可以看出，I-200 系列构件与 I-850 系列构件属于宽厚比与高厚比均不相同的构件。由图 8.13 计算结果可以看出，I-850 系列构件侧扭稳定系数在弹塑性稳定失稳阶段高于 I-200 系列构件，在 $\bar{\lambda}_n = 0.8$ 时，相差 4.12%。这说明随着截面宽厚比的增大，残余压应力比 β_1 减小，因此残余应力对构件临界弯矩的影响减小。

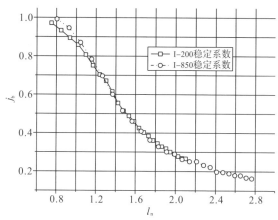

图 8.13 I-200 与 I-850 系列构件比较

综上所述可以得到，翼板残余应力影响工字形受弯构件临界弯矩，腹板残余应力的分布对工字形受弯构件的影响基本上可以忽略。

8.4 实用设计公式建议

8.4.1 《钢结构设计标准》（GB 50017—2017）受弯构件整体稳定设计现状

关于钢结构受弯构件的整体稳定性能，国内目前仅对普通强度钢材钢构件制定了相应的设计计算方法，对高强度钢材构件研究较少。《钢结构设计标准》（GB 50017—2017）也没有关于Q460 高强度钢材受弯构件的设计方法、计算公式以及相关规定。

根据《钢结构设计标准》（GB 50017—2017），焊接工字形梁时，要保证在最大刚度主平面内受弯整体的稳定性，应按下式进行计算：

$$\frac{M_\mathrm{x}}{\varphi_\mathrm{b} W_\mathrm{x}} \leqslant f \qquad (8.11)$$

式中：M_x 为绕强轴作用的最大弯矩，W_x 为按受压纤维确定的毛截面模量，φ_b 为梁的整体稳定性系数，按（8.11）式进行计算。

$$\varphi_\mathrm{b} = \beta_\mathrm{b} \frac{4320}{\lambda_y^2} \cdot \frac{Ah}{W_\mathrm{x}} \cdot \left[\sqrt{1 + \left(\frac{\lambda_y t_1}{4.4h}\right)^2} + \eta_\mathrm{b} \right] \cdot \frac{235}{f_y} \quad (8.12)$$

式中：β_b 为梁整体稳定的等效临界弯矩系数；λ_y 为梁在侧向支撑点间对截面弱轴 $y-y$ 的长细比；A 为梁的毛截面的面积；h，t_1 为梁截面的全高和受压翼缘的厚度；η_b 为截面不对称影响系数；本书研究双轴对称截面纯弯情况下的工字形梁，其 β_b、η_b 值均等于 1。当按公式（8.12）计算的 φ_b 值大于 0.6 时，应用下式计算的 $\varphi_\mathrm{b}{}'$ 代替 φ_b 的值：

$$\varphi_\mathrm{b}{}' = 1.07 - \frac{0.282}{\varphi_\mathrm{b}} \leqslant 1.0 \qquad (8.13)$$

对于工字形焊接受弯构件，局部稳定限制腹板高厚比为：

$$h_0/t_\mathrm{w} \leqslant 80 \sqrt{235/f_y} \qquad (8.14)$$

受压翼缘自由外伸宽度 b 与其厚度 t 之比，应符合下式要求：

$$\frac{b}{t} \leqslant 13 \sqrt{\frac{235}{f_y}} \qquad (8.15)$$

8.4.2　GB 50017—2017 受弯构件整体稳定理论推导的讨论

GB 50017—2017 钢结构设计规范关于受弯构件的相关条文

是根据弹性稳定理论，采用能量法推出工字形截面钢梁的临界弯矩公式为：

$$M_{cr} = \beta_1 \frac{\pi^2 EI_y}{l_0^2}\left[\beta_2\alpha + \beta_3 B_y + \sqrt{(\beta_2\alpha + \beta_3 B_y)^2 + \frac{I_w}{I_y}(1 + \frac{l_0^2 GJ}{\pi^2 EI_w})}\right]$$

（8.16）

式中：β_1、β_2、β_3 为随荷载类型和梁的支承情况而异的系数，如图 8.5 中简支双轴对称工字形截面钢梁在纯弯荷载情况下，此三值均为 1。EI_y、EI_w 和 GJ 分别为截面的侧向弯曲刚度、翘曲刚度和自由扭转刚度，以 I_1 和 I_2 分别代表受压受拉翼缘对 y 轴的惯性矩，且 $I_y = I_1 + I_2$。

I_w 为工字形截面简化翘曲惯性矩，计算公式为：

$$I_w = \frac{I_1 I_2 h^2}{I_y}$$

（8.17）

J 为自由扭转常数或扭转惯性矩，可取：

$$J = \frac{\delta}{3}\sum b_i t_i^3$$

（8.18）

式中：b_i 与 t_i 为组成工字形截面的各个板件的宽度；δ 为系数，双轴对称时取 $\delta = 1$。

$$B_y = \frac{1}{2I_x}\int_A y(x^2 + y^2)\mathrm{d}A - y_0$$

（8.19）

对于双轴对称工字形截面，可以得出 $B_y = 0$。

经过一系列简化后，得到弹性受弯稳定系数公式（8.12），当 $\varphi_b \geq 0.6$ 时，梁的侧扭失稳属于弹塑性稳定问题，由于残余应力及初始几何缺陷的影响，其稳定系数会低于按弹性稳定公式的计算值。通过文献［8.2］［8.3］的试验研究与理论计算，最后拟合公式（8.13）。

综上所述，现行钢结构规范的计算公式在弹性阶段所产生的误差只由不同截面几何参数简化过程产生，如式（8.17）、式（8.18）、式（8.19），材料不同不会影响稳定系数。但是，对于弹塑性阶段则不同，因为弹性稳定系数的降低主要受残余应力、几何初始缺陷等因素的影响。经过上述分析，可以得出对于 Q460 高强焊接工字形梁，如采用现行钢结构设计规范相关条文进行设计计算，必须重点考察其弹塑性阶段是否适用，以及现行公式中确定的弹塑性分界点即 $\varphi_b = 0.6$ 是否适用。

8.4.3 GB 50017—2017 受弯构件整体稳定设计结果比较

为了检验 Q460 高强钢焊接工字形梁是否适用此规定，将上述 4 种截面的数值分析结果与 GB 50017—2017 设计值绘于图 8.14 至图 8.17 进行比较。

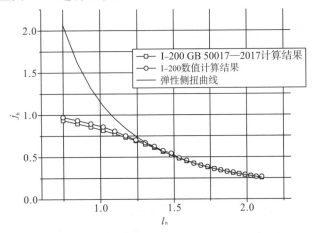

图 8.14　I-200 系列构件与 GB 50017—2017 比较

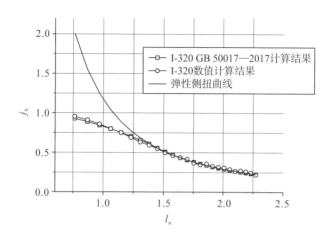

图 8.15　I－320 系列构件与 GB 50017—2017 比较

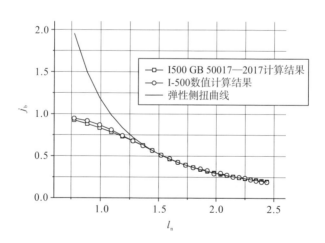

图 8.16　I－500 系列构件与 GB 50017—2017 比较

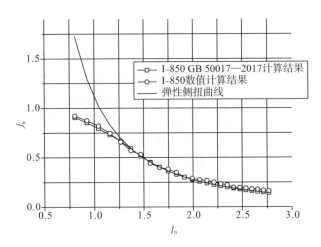

图 8.17　I-850 系列构件与 GB 50017—2017 比较

对 4 种截面系列工字形梁数值计算稳定系数 φ_{b0} 与 GB 50017—2017 计算值 φ_b 进行比较，然后对同一截面求均值 $\overline{m}$ 和方差 σ，其结果列于表 8.4。

表 8.4　稳定系数比较

截面	$\overline{m}$	σ
I-200	1.063	0.029
I-320	1.048	0.056
I-500	1.056	0.039
I-850	1.042	0.092

从图 8.14 至图 8.17 可以看出，GB 50017—2017 计算结果与数值计算结果符合较好，从表 8.4 计算结果得出 4 种截面数值计算稳定系数与 GB 50017—2017 公式计算的稳定系数差值在 10% 以内。综上所述，Q460 高强钢焊接工字形截面纯弯梁在弹塑性阶段、塑性阶段及弹塑性分界点采用 GB 50017—2017 相关

公式计算符合较好，并且能够满足工程精度和可靠安全的要求。

8.5 本章小结

（1）残余应力对 Q460 高强钢焊接工字形纯弯构件极限承载力呈不利影响。

（2）翼板宽厚比对 Q460 高强钢焊接工字形纯弯构件极限承载力的影响比较大，在同等条件下，宽厚比越大其对构件极限承载力的影响越小。

（3）本章对 Q460 高强钢焊接工字形纯弯构件极限承载力进行参数分析发现，如果采用《钢结构设计标准》（GB 50017—2017）相应条文对其进行设计计算符合较好，并且能够满足工程精度和可靠安全的要求，建议使用相关条文对 Q460 高强钢焊接工字形纯弯构件进行设计计算。

参考文献

［8.1］ Yan-Bo Wang，Guo-Qiang Li，Su-Wen Chen. Residual stresses in welded flame-cut high strength steel H-sections ［J］. Journal of Constructional Steel Research，2012，79：159－165.

［8.2］ 夏志斌，潘有昌，张显杰. 焊接工字钢梁的非弹性侧扭屈曲 ［J］. 浙江大学学报，1985.

［8.3］ 张显杰，夏志斌. 钢梁屈曲试验的计算机模拟 ［C］//钢结构研究论文报告选集（第二册）.

9 高强钢受弯构件研究结论与经济适用性思考

9.1 主要工作和结论

本书主要试验研究成果是在国家科技支撑计划项目（2012BAJ13B02）资助下完成的，主要内容包括：

（1）进行了 7 根 Q460 高强钢焊接箱形截面压弯构件与 6 根 Q460 高强钢焊接 H 形截面压弯构件极限承载力试验，试验研究的主要参数是钢柱的宽厚比与长细比，主要试验结果包括压弯构件极限承载力、侧向挠度与轴向应变等；并且通过试验结果与《钢结构设计标准》（GB 50017—2017）的比较得出，如采用现行钢结构规范设计计算上述两种构件的极限承载力，所得结果偏于保守。

（2）采用数值积分法与有限单元法建立了考虑初始几何缺陷与残余应力影响的箱形、H 形截面压弯构件数学计算模型，并且通过试验结果验证了数学计算模型的正确性。

（3）采用上述数学计算模型对箱形、H 形压弯构件进行参数分析，分析参数包括弯曲方向、有无残余应力、截面板件宽厚比及构件长细比。分析总结两种构件参数计算结果，得出参数变化对构件极限承载力的影响规律。通过参数分析结果与我国现行钢结构规范进行比较，得出采用现行钢结构规范设计计算 Q460

222

高强钢焊接箱形、H 形压弯构件极限承载力偏于保守的结论；基于现行钢结构规范理论基础，提出适合 Q460 高强钢压弯构件的建议设计公式。

（4）进行了 4 根 Q460 高强钢焊接工字形截面纯弯构件临界弯矩试验，主要考察 Q460 高强钢纯弯构件弹性失稳与弹塑性失稳临界弯矩，并且通过试验结果与我国现行钢结构设计规范的比较，得出如采用现行钢结构规范设计计算上述构件的临界弯矩符合较好。

（5）采用数值积分法与有限单元法建立了考虑初始几何缺陷与残余应力影响的工字形截面受弯构件数学计算模型，并且通过试验结果验证了数学计算模型的正确性。

（6）采用上述数学计算模型工字形纯弯构件进行参数分析；总结纯弯构件参数分析结果，得出参数变化对构件极限承载力的影响规律。通过参数分析结果与我国现行钢结构规范进行比较，得出采用现行钢结构规范设计计算 Q460 高强钢焊接工字形纯弯构件极限承载力符合较好，并且能够满足工程精度和可靠安全的要求，建议使用相关条文对 Q460 高强钢焊接工字形纯弯构件进行设计计算。

9.2 焊接 H 形压弯构件研究结论与国外钢结构设计规范比较

为了进一步对上述结论进行研究，本书将 Q460 高强钢焊接 H 形压弯构件试验及数值分析结果与欧洲钢结构设计规范（BS EN 1993－1－1：2005）[9.1] 及美国钢结构规范（ANSI/AISC 360－16）[9.2]进行了比较。

（1）在欧洲钢结构设计规范中，压弯构件应满足下式：

$$\frac{N_{Ed}}{\chi_y \dfrac{N_{RK}}{\gamma_{M1}}} + k_{yy} \frac{M_{y,Ed} + \Delta M_{y,Ed}}{\chi_{LT} \dfrac{M_{y,RK}}{\gamma_{M1}}} + k_{yz} \frac{M_{z,Ed} + \Delta M_{z,Ed}}{\dfrac{M_{z,RK}}{\gamma_{M1}}} \leqslant 1$$

$$(9.1)$$

$$\frac{N_{Ed}}{\chi_z \dfrac{N_{RK}}{\gamma_{M1}}} + k_{zy} \frac{M_{y,Ed} + \Delta M_{y,Ed}}{\chi_{LT} \dfrac{M_{y,RK}}{\gamma_{M1}}} + k_{zz} \frac{M_{z,Ed} + \Delta M_{z,Ed}}{\dfrac{M_{z,RK}}{\gamma_{M1}}} \leqslant 1$$

$$(9.2)$$

式中：N_{Ed}，$M_{y,Ed}$，$M_{z,Ed}$ 为设计轴压值与关于构件截面 $y-y$ 与 $z-z$ 轴的最大弯矩设计值；χ_y，χ_z，χ_{LT} 为相应轴压与弯扭构件的稳定系数；k_{yy}，k_{yz}，k_{zy}，k_{zz} 为相关系数。

需要说明的是，本书研究焊接 H 形构件沿弱轴弯曲产生面内失稳，因此只考虑 k_{yy} 与 χ_y 的取值。欧洲钢结构设计规范（BS EN 1993-1-1：2005）要求相关系数 k_{yy} 的取值根据其附录 A 与附录 B 共有两种任意可选的计算方法，下文分别以 Annex A 与 Annex B 代表其两种方法的计算结果。

（2）根据美国钢结构设计规范（ANSI/AISC 360-16），压弯构件应满足下式：

$$当 \frac{P_r}{P_c} \geqslant 0.2 时，\frac{P_r}{P_c} + \frac{8}{9}\left(\frac{M_{rx}}{M_{cx}} + \frac{M_{ry}}{M_{cy}}\right) \leqslant 1.0 \qquad (9.3)$$

$$当 \frac{P_r}{P_c} < 0.2 时，\frac{P_r}{2P_c} + \left(\frac{M_{rx}}{M_{cx}} + \frac{M_{ry}}{M_{cy}}\right) \leqslant 1.0 \qquad (9.4)$$

式中：P_r 与 P_c 为轴力设计值与相应轴压构件屈曲抗力。M_{rx}，M_{ry} 为沿强轴与弱轴弯曲的设计弯矩；M_{cx} 与 M_{cy} 分别为沿强轴与弱轴弯曲的弯矩抗力值。

（3）本书第 5 章焊接 H 形压弯构件试验结果与上述两种钢结构设计规范计算的结果比较见表 9.1。表中 Annex A 和 Annex B 代表欧洲钢结构设计规范附录 A 与附录 B 计算结果，AN-SI/AISC 360－16 代表美国钢结构设计规范计算结果；N_{test}/N_{code} 代表试验结果与规范计算结果的比值。

表 9.1　压弯构件试验结果与设计规范计算结果比较

试件	N_{test}/N_{code}		
	EC3		ANSI/AISC 360－16
	Annex A	Annex B	
H－3－80－X－1	1.12	1.23	1.07
H－3－80－X－2	1.08	1.19	1.05
H－5－55－X－1	1.07	1.23	1.04
H－5－55－X－2	1.07	1.24	1.04
H－7－40－X－1	1.04	1.23	1.07
H－7－40－X－2	1.10	1.11	1.13
平均值	1.08	1.21	1.07

（4）以本书 6.4 节中焊接 H 形压弯构件数值计算结果与钢结构设计规范计算结果进行比较，对每一种截面不同长细比及荷载工况的数值计算结果与上述两种钢结构设计规范比较结果取均值并且求得方差，如表 9.2 所示。

表 9.2　压弯构件数值计算结果与设计规范计算结果比较

构件	N_{FEM}/N_{code}					
	EC3				ANSI/AISC 360－16	
	Annex A		Annex B			
	均值	方差	均值	方差	均值	方差
H－3	1.04	0.05	1.09	0.10	1.02	0.09
H－5	1.05	0.04	1.13	0.12	1.01	0.17

构件	$N_{\text{FEM}}/N_{\text{code}}$					
	EC3				ANSI/AISC 360−16	
	Annex A		Annex B			
	均值	方差	均值	方差	均值	方差
H−7	1.10	0.07	1.25	0.15	1.07	0.10
H−9	1.12	0.13	1.25	0.16	1.04	0.16

从表 9.1 与表 9.2 可以得出，美国钢结构规范（ANSI/AISC 360−16）与欧洲钢结构规范附录 A（Annex A of EC 3）设计结果与试验及数值分析结果符合较好，欧洲钢结构规范附录 B（Annex B of EC 3）设计结果相对试验及数值分析结果较为保守。从表中比较结果可以得出，随着 H 形截面翼板宽厚比的增大，其设计结果（Annex B of EC 3）误差逐渐增大，说明高强钢焊截面残余应力对抗力的不利影响相对减小，此结果与前文结论保持一致。

9.3 高强钢经济性能思考

随着低碳经济与绿色建筑的发展，低合金高强度建筑用钢以其优良的材料性能成为装备轻量化设计与经济化应用的主要结构材料。低合金高强度建筑用钢的开发不但满足了更高强度的需求，其钢材韧性、焊接性能、耐久性也较早期高碳含量高强钢有所提升，并且能在减轻结构自身重量的同时满足建筑工程设计的多种需求，在同等建筑荷载工况下可有效减小其构件设计截面尺寸，优化结构使用空间，完善建筑多样化造型等，被更多的结构设计人员所青睐。在此基础上，高强钢在大跨与高层组合结构、特高压输电工程、建筑装饰装修工程（尤其是玻璃幕墙工程）的经济性能问题也逐渐为人们重视。

9.3.1 大跨与高层组合结构经济性能与设计问题

例如前面介绍的德国柏林的索尼中心，由于屋顶桁架部分的跨度较大，设计时采用了 S460 和 S690 高强钢，其不但有效地降低了构件的自重，同时满足柏林地区对建筑结构低温安全性能的要求。澳大利亚悉尼的星城饭店，在底层柱部位使用屈服强度为 650MPa 和 690MPa 的高强度钢材，使用高强度钢材减小了柱截面，扩大了底层停车场的使用空间；同样，澳大利亚悉尼的 Latitude 大厦，使用高强度钢作为结构转换桁架，不但减轻了结构自重，同时优化了建筑设计。日本横滨的 Landmark Tower 采用 600MPa 的 H 形钢柱，在保证结构承载力的同时减小了截面面积。美国休斯敦的雷利昂体育场，使用 450MPa 的高强钢大型竖向桁架支撑结构，实现了可开启屋顶的设计要求。中国北京的国家游泳中心桁架内柱选用 Q460 高强钢，不但减小了柱截面尺寸，并且使得节点焊接工作得以更好的开展。

文献［9.3］中对拟建高层钢框架-中心支撑结构进行了不同强度钢材钢柱设计情况的抗震与经济性能对比，可以得出以下结论：① 采用高强钢框架柱与屈曲约束支撑结合结构体系，其抗震性能较普通钢有所提高；② 采用 Q345、Q460 与 Q690 框架柱对拟建结构进行设计，Q460、Q690 方案的单位面积用钢量较 Q345 方案分别减少 18.65％与 33.43％；③ 由于高强钢方案上部结构自重减小，基础结构设计得到简化，相应造价得到一定程度的减少。

与普通钢相比，高强钢在大跨与高层结构的设计和建造过程中是不可或缺的。但是由于高强钢与普通钢的材料力学性能有所区别，其设计问题也越加凸显，主要包含以下三个方面：弹性阶段设计、塑性阶段设计与抗震设计。弹性阶段设计，高强钢构件的极限承载力通常由构件的局部屈曲、整体屈曲或两者的相关屈曲控制，普通钢构件的理论分析方法仍然适用于高强钢。但是钢构件的极限承载力受初始缺陷与钢材力学性能等因素影响。如前文所述，残余应力与构件几何初始缺陷对其极限承载力的不利影响有所下降。此外，高强钢的材料力学性能参数也与普通钢不同。因此，对于现有普通钢适用的设计要求是否适用于高强钢，需要进一步研究。塑性阶段设计，现有设计规范假定构件具有足够的延性与变形能力，认为构件在相对较大变形下仍不发生破坏，使得内力能够在非静定结构中重新分布。相比普通钢，高强钢的屈强比大而断后伸长率较小，构件截面宽厚比限值随钢材强度变化而变化，这些均将影响高强钢受弯构件的变形能力，是塑性阶段设计的重点。抗震设计中，通常预期结构将在大震作用下经历较大变形，抗震结构与构件必须具备足够的延性以保持在较大变形下继续承载。此外，抗震结构还需要合理的结构布置，以保证在大震作用下形成有效的耗能机制。

9.3.2　特高压输电线路铁塔的经济性能

提高输电线路单位走廊面积、电力输送容量和线路本身输送能力，是电力输送专业研究发展的重要方向。通过采用高强度钢材减小输电铁塔相间距离，使线路紧凑并提高输送能力是解决实际问题的有效途径。此外，对于高寒地区特殊气候条件，低温、风荷载与雪荷载对输电线路铁塔的结构设计提出了更高的使用要求。为了加强铁塔的承载能力，同时减轻塔重，特高压输电线路铁塔的塔材采用低合金高强钢，可以加强铁塔的承载能力，减轻铁塔的重量，节省铁塔钢材的消耗，从而提高经济效益。

根据工程项目德令哈（托索）750kV输变电工程[9.4]实际用钢量经济性能进行分析，通过常用4种塔型采用Q345普通钢材与 Q420 高强度钢材进行分析，其塔型分别为：① 500kV 直线角钢塔；② 500kV 耐张角钢塔；③ 750kV 直线角钢塔；④750kV 耐张角钢塔。上述不同塔型用钢量的比较结果见表 9.3。

表9.3　不同塔型用钢量比较

塔型	用钢量比较	单塔造价比较
①	3.6%	1.6%
②	5.8%	2.5%
③	6.1%	1.4%
④	8.5%	2.6%

表 9.3 中用钢量比较采用 Q420 比 Q345 钢材节省用钢量百分比，单塔造价比较采用 Q420 比 Q345 钢材节省造价百分比。根据分析可以得到，虽然高强度钢材单价有所提升，但是综合单价呈下降趋势。

从上述实际工程设计与经济性能分析比较可以得到：①高强度钢材在建筑结构的应用可以降低结构综合单价；②在大跨与高层建筑结构中，由于高强度钢材的延性较普通钢材降低，可以采用高强钢结构与消能减震构件结合的结构体系；③高强度结构用钢设计理论还需继续完善。

9.4　今后研究工作建议

作者认为尚有以下工作需要进一步研究：

（1）由于制造工业的发展与生产工艺的进步，从目前仅有的试验数据可以得出，高强钢的断后伸长率远高于相应规范标准的最低要求，但是还需要进行进一步的材料统计研究。

（2）实际结构中箱形、H形压弯构件截面形式、荷载组合形式变化多样。应对不同宽厚比构件残余应力分布形式做进一步研究，尤其是在板件较厚时应分层考虑残余应力的分布模型，对不等端弯矩、横向荷载等不同荷载形式的压弯构件进行研究。

（3）影响受弯构件整体稳定性临界弯矩的因素有很多，如截面形式（如单轴对称工字形梁）、截面尺寸（如受压翼板加强）、侧向支撑、两端约束形式以及荷载类型。今后需对上述因素进一步进行试验研究与理论研究。

（4）高强钢构件设计方法需要进一步对目标可靠度与设计分项系数进行研究。

（5）根据系统择优与决策的方法对高强钢结构设计的经济适用性进行研究。

参考文献

[9.1] British Standards Institution （BSI）. Eurocode 3：Design of Steel Structures Part 1－1：General Rules and Rules for Buildings BS EN 1993 － 1 － 1：2005 ［S］. London：BSI，2005.

[9.2] American Institute of Steel Construction. Specification for structural steel buildings，ANSI/AISC 360－16 ［S］. Chicago，Illinois：AISC，2016.

[9.3] 齐军帅，杨书杰，陈琛，等. 高强钢结构抗震性能分析及经济性评价 ［J］. 建筑结构，2021，51（7）：73－77.

[9.4] 刘生昊，徐斐，王烨迪. 输电线路大规格高强度钢材低温力学性能研究 ［J］. 科学技术创新，2020（26）：10－11.